BIBLIOTHÈQUE
DES MERVEILLES

PUBLIÉE SOUS LA DIRECTION

DE M. ÉDOUARD CHARTON

VOLCANS

ET

TREMBLEMENTS DE TERRE

PARIS. — IMP. SIMON RAÇON ET COMP., RUE D'ERFURTH, 1.

BIBLIOTHÈQUE DES MERVEILLES

VOLCANS

ET

TREMBLEMENTS DE TERRE

PAR

ZURCHER ET MARGOLLÉ

TROISIÈME ÉDITION

ILLUSTRÉE DE 61 VIGNETTES

PAR E. RIOU

PARIS

LIBRAIRIE HACHETTE ET Cᴵᴱ

BOULEVARD SAINT-GERMAIN, Nº 79

1872

VOLCANS

ET

TREMBLEMENTS DE TERRE

I

LE VÉSUVE

Première éruption. — Mort de Pline. — Herculanum et Pompéi. — Éruptions de 1631, 1757, 1822 et 1858. — Ascensions. — Les champs Phlégréens. — La Solfatare. — L'Averne.

PREMIÈRE ÉRUPTION

Les Romains savaient que le Vésuve avait été autrefois en activité, mais ces souvenirs, qui se rapportaient à des époques très-lointaines, s'étaient presque effacés. On habitait sans aucune inquiétude les villes construites sur ses pentes. « Ces lieux, dit Strabon, en parlant d'Herculanum et de Pompéi, sont dominés par le mont Vésuve, entouré de riches campagnes, excepté à son sommet, dont la majeure partie offre une surface plane complétement stérile, qui a l'aspect d'un monceau de cendres. Au milieu de rochers de couleur sombre, qui

1

semblent avoir été consumés par le feu, on aperçoit des couches crevassées. On serait tenté de croire que ces lieux ont brûlé jadis, et qu'ils renferment des cratères où l'incendie s'est éteint faute d'aliment. »

La guerre servile qui éclata dans la Campanie, en l'année 73 avant notre ère, et qui tint si longtemps en échec les armées consulaires, commença par la révolte de deux cents gladiateurs gaulois et thraces, ayant Spartacus pour chef. Réfugiés sur le Vésuve, ils y furent attaqués par des troupes envoyées de Rome, mais ils durent leur salut à l'une des crevasses de la montagne, par laquelle ils purent arriver au delà des cantonnements des assiégeants, qui, se voyant enveloppés, prirent la fuite, et laissèrent leur camp au pouvoir de l'ennemi.

Le volcan, malgré son long repos, n'était pas éteint. Il devait se réveiller tout à coup par une formidable éruption qui ensevelit plusieurs villes à ses pieds. C'était au mois d'août 79, après des tremblements de terre assez violents, qui, dans le cours des seize années précédentes, avaient ébranlé la contrée. Pline le Jeune, dans la lettre suivante, adressée à l'historien Tacite, fait le récit de cet événement, au milieu duquel son oncle périt victime de son humanité et de son amour généreux pour la science.

MORT DE PLINE

« Vous me demandez des détails sur la mort de mon oncle, afin d'en transmettre plus fidèlement le récit à la postérité. Je vous en remercie, car je ne doute pas qu'une gloire impérissable ne s'attache à ses derniers moments si vous en retracez l'histoire. Quoiqu'il ait péri dans un désastre qui a ravagé la plus heureuse contrée de l'univers, quoiqu'il soit tombé avec des peuples et des villes entières, victime d'une catastrophe qui doit éterniser sa mémoire, quoiqu'il ait élevé lui-même tant de monuments durables de son génie, l'immortalité de vos ouvrages ajoutera beaucoup à celle de son nom. Heureux les hommes auxquels il a été donné de faire des choses dignes d'être écrites, ou d'en écrire qui soient dignes d'être lues ! plus heureux encore ceux à qui les dieux ont départi ce double avantage ! Mon oncle tiendra son rang entre les derniers, et par vos écrits et par les siens. J'entreprends donc volontiers la tâche que vous m'imposez, ou, pour mieux dire, je la réclame.

« Il était à Misène, où il commandait la flotte. Le vingt-troisième jour d'août, environ à une heure après midi, ma mère l'avertit qu'il paraissait un nuage d'une grandeur et d'une forme extraordinaires. Après sa station au soleil et son bain d'eau froide, il s'était jeté sur son lit, où il avait pris son repos ordinaire, et il se livrait à l'étude. Aussitôt il se lève et monte en un lieu d'où il pouvait aisément observer ce prodige. La nuée s'élançait dans l'air, sans qu'on pût distinguer, à une si grande distance, de quelle montagne elle était sortie ; l'événement fit connaître ensuite que c'était du mont Vésuve. Sa forme approchait de celle d'un arbre, et particulièrement d'un pin ; car, s'élevant vers le ciel comme un tronc immense, sa tête s'étendait en rameaux. J'imagine qu'un vent souterrain poussait d'abord cette vapeur avec cette impétuosité, mais que l'action du vent ne se faisant plus sentir à une certaine hauteur, ou le nuage s'affaissant sous son propre poids, il se répandait en surface. Il paraissait tantôt blanc, tantôt noirâtre, et tantôt de diverses couleurs, selon qu'il était plus chargé ou de cendre ou de terre.

« Ce prodige surprit mon oncle; et, dans son zèle pour la science, il voulut l'examiner de plus près. Il fit appareiller un bâtiment léger, et me laissa la liberté de le suivre. Je lui répondis que j'aimais mieux étudier; il m'avait, par hasard, donné lui-même quelque chose à écrire. Il sortait de chez lui, lorsqu'il reçut un billet de Rectine, femme de Cœsius Bassius. Effrayée de l'imminence du péril (car sa maison était située au pied du Vésuve, et elle ne pouvait s'échapper que par la mer), elle le priait de lui porter secours. Alors il change de but, et poursuit par dévouement ce qu'il n'avait d'abord entrepris que par le désir de s'instruire. Il fait préparer des quadrirèmes, et y monte lui-même pour aller secourir Rectine et beaucoup d'autres personnes qui avaient fixé leur habitation dans ce site attrayant. Il se dirige à la hâte vers des lieux d'où le monde s'enfuit : il va droit au danger, l'esprit tellement libre de crainte qu'il dictait la description des divers accidents et des scènes changeantes que le prodige offrait à ses yeux.

« Déjà sur ses vaisseaux volait une cendre plus chaude à mesure qu'ils approchaient; déjà tombaient autour d'eux des pierres calcinées et des cailloux tout noirs, tout brisés par la violence du feu. La mer abaissée tout à coup n'avait plus de profondeur, et le rivage était inaccessible par suite de l'amas de pierres qui le couvrait. Mon oncle fut

Fig. 1. — Destruction de Pompéi (d'après a description de Pline le Jeune).

un moment incertain s'il retournerait ; mais il dit bientôt à son pilote qui l'engageait à revenir : « La fortune favorise le courage, menez-nous chez Pomponianus. » Pomponianus était à Stabies, de l'autre côté d'un petit golfe, formé par une courbure insensible du rivage. Là, à la vue du péril qui était encore éloigné, mais qui s'approchait incessamment, Pomponianus avait fait porter tous ses meubles sur des vaisseaux, et n'attendait, pour s'éloigner, qu'un vent moins contraire. Mon oncle, favorisé par le même vent, aborde chez lui, l'embrasse, calme son agitation, le rassure, l'encourage, et pour dissiper par sa sécurité la crainte de son ami il se fait porter au bain. Après le bain, il se met à table, et mange avec gaieté, ou, ce qui ne suppose pas moins de force d'âme, avec toutes les apparences de la gaieté.

« Cependant on voyait luire, en plusieurs endroits du mont Vésuve, de larges flammes et un vaste embrasement, dont les ténèbres augmentaient l'éclat. Pour rassurer ceux qui l'accompagnaient, mon oncle leur disait que c'étaient des maisons de campagne abandonnées au feu par des paysans effrayés. Ensuite il se coucha et dormit réellement d'un profond sommeil, car on entendait de la porte le bruit de sa respiration. Cependant la cour par laquelle on entrait dans son appartement commençait à se remplir de cendres et de pierres, et, pour peu qu'il y fût resté plus longtemps, il ne lui eût plus été possible de sortir. On l'éveille ; il sort, et va rejoindre Pomponianus et les autres qui avaient veillé. Ils tiennent conseil, et délibèrent s'ils se renfermeront dans la maison ou s'ils erreront dans la campagne ; car les maisons étaient tellement ébranlées par les violents tremblements de terre qui se succédaient, qu'elles semblaient arrachées de leurs fondements, poussées tour à tour dans tous les sens, puis ramenées à leur place. D'un autre côté, on avait à craindre, hors de la ville, la chute des pierres, quoiqu'elles fussent légères, et desséchées par le feu. De ces périls on choisit le dernier. Dans l'esprit de mon oncle, la raison la plus forte prévalut sur la plus faible ; dans l'esprit de ceux qui l'entouraient une crainte l'emporta sur une autre. Ils attachent donc des oreillers autour de leur tête, sorte de boucliers contre les pierres qui tombaient.

« Le jour recommençait ailleurs ; mais autour d'eux régnait la plus sombre des nuits, éclairée cependant par des feux de toute espèce. On voulut s'approcher du rivage pour examiner si la mer permettait quelque tentative ; mais on la trouva toujours orageuse et contraire. Là, mon oncle se coucha sur un drap étendu, demanda de l'eau froide et en but deux fois. Bientôt des flammes et une odeur de soufre qui en annonçait l'approche mirent tout le monde en fuite, et forcèrent mon oncle à s'éloigner. Il se lève appuyé sur deux jeunes esclaves, et au même instant il tombe mort. J'imagine que cette épaisse fumée arrêta sa respiration et le suffoqua : il avait naturellement la poitrine faible, étroite et souvent haletante. Lorsque la lumière reparut (trois jours après le dernier qui avait lui pour mon oncle), on retrouva son corps entier sans blessures : rien n'était changé dans l'état de son vêtement, et son attitude était celle du sommeil plutôt que de la mort. »

HERCULANUM ET POMPÉI

La chute des pierres ponces au début de l'éruption montre que l'immense gerbe projetée par les gaz du nouveau cratère était formée à la fois par les cendres sorties des profondeurs de la terre, et par les débris d'une grande partie de l'ancien cône du Vésuve, qu'on désigne sous le nom de *Somma*. C'est par la pluie continuelle de ces matières qu'on explique d'ordinaire la disparition des villes d'Herculanum, de Pompéi et de Stabies ; mais le transport de couches aussi épaisses est difficile à admettre pour la distance qui les sépare du cratère, et l'idée émise à ce sujet par M. Ch. Sainte-Claire Deville nous paraît beaucoup plus juste. Ce savant explorateur des volcans nous montre, en effet, qu'au moment où le Vésuve est redevenu actif, sa cime s'est étoilée, suivant des fissures transversales dont il a reconnu le lien avec tout le système volcanique de la Campanie, et que deux d'entre elles passaient précisément par les villes détruites, qui, dès lors, auraient été englouties par des cendres, des boues et des laves jaillissant de ces orifices.

On sait que, jusqu'au milieu du dernier siècle, le véritable emplacement de ces villes est resté ignoré. Une série de fouilles entreprises depuis cette époque a permis aux modernes de se transporter comme par magie au milieu de la vie antique, et de retrouver, dans les ruines conservées par les couches volcaniques à travers dix-huit siècles, les plus précieuses révélations pour la science et l'histoire.

Un livre très-intéressant de M. Marc Monnier [1] donne la description de ces ruines. On a exhumé les monuments, les édifices et mille objets d'art ou d'industrie. Depuis quelques années, des formes humaines ont été retrouvées. Mais de bien tristes formes ! les cendres, détrempées par la vapeur d'eau, se sont moulées en enveloppant les corps au moment où ils expiraient ! Un procédé très-simple a permis d'en reproduire l'image en plâtre.

« Rien de plus saisissant, dit M. Marc Monnier, que ce spectacle. Ce ne sont pas des statues, mais des corps humains moulés par le Vésuve ; les squelettes sont encore là, dans ces enveloppes de plâtre qui reproduisent ce que le temps aurait détruit, ce que la cendre humide a gardé, les vêtements et la chair, je dirais presque la vie. Les os percent çà et là certains endroits où la coulée n'a pu parvenir. Il n'existe nulle part rien de pareil. Les momies égyptiennes sont nues, noires, hideuses ; elles n'ont plus rien de commun avec nous ; elles sont arrangées pour le repos éternel dans une attitude consacrée. Mais les Pompéiens exhumés sont des êtres humains qu'on voit mourir. »

ERUPTIONS DE 1631, 1737, 1822 ET 1858

Depuis 79, il existe des indications d'éruption dans les années 204, 472, 512, 685, 993, 1036, 1136.

[1] *Pompéi et les Pompéiens.*

Celle de 1136 fut très-violente, mais le volcan se repoṣa ensuite pendant près de cinq cents ans. Au commencement du dix-septième siècle, le sommet avait la forme d'un large bassin qui, d'après le témoignage des voyageurs, était couvert de vieux chênes, de châtaigniers et d'érables.

Pendant le mois de décembre 1631, le volcan s'ouvrit au-dessus du vaste fossé qui sépare le cratère de la Somma, et qu'on appelle l'Atrio del Cavallo. Une grande partie de la montagne s'écroula, et l'éruption se termina par une coulée de lave qui alla s'éteindre dans la mer, près de Portici, après avoir brûlé les maisons et les arbres sur son passage. Le volcan se ralluma en 1660, et subit de grands changements de formes par des éruptions successives jusqu'en 1685. Les années 1707 et 1724 marquent ensuite des périodes d'activité.

Au mois de mai 1737, la montagne jetait beaucoup de fumée, et du 16 au 19, on entendit des mugissements souterrains accompagnés de bruyantes détonations. « La lundi, 20, à neuf heures du matin, le volcan fit une si forte explosion, que le choc fut sensible à plus de 12 milles à la ronde. Une fumée noire mêlée de cendres parut s'élever tout d'un coup en vastes globes ondoyants, qui se dilataient en s'éloignant du cratère. Les explosions continuèrent très-fortes et très-fréquentes toute la journée, lançant de grosses pierres au milieu des tourbillons de fumée et de cendres, jusqu'à un mille de hauteur.

« A huit heures du soir, au milieu du bruit et d'affreuses secousses, la montagne creva sur la première plaine, à un mille de distance du sommet, et il sortit

un vaste torrent de feu de la nouvelle ouverture : dès
lors toute la partie méridionale de la montagne parut
embrasée. Le torrent coula dans la plaine au-dessous,
qui a plus d'un mille de longueur et près de 4 milles
de largeur. Il s'élargit bientôt de près d'un mille, et à
la quatrième heure de la nuit il atteignit l'extrémité de
la plaine et le pied des monticules qui sont du côté du
sud. Mais ces monticules étant composés de rochers escarpés, la plus grande partie du torrent coula dans les
intervalles de ces rochers, parcourut deux vallons, et
tomba successivement dans l'autre plaine qui forme la
base de la montagne. Après s'y être réuni, il se divisa
en quatre branches, dont l'une s'arrêta au milieu du
chemin, à un mille de Torre del Greco ; la seconde
coula dans un large vallon ; la troisième finit sous Torre
del Greco, au voisinage de la mer, et la quatrième à
une petite distance de la nouvelle bouche.

« En même temps qu'elle s'ouvrait, celle du sommet
vomissait une grande quantité de matière brûlante, qui
se divisant en torrents et en petits courants, se dirigea
en partie vers le Salvadore et en partie vers Ottajano ;
on voyait, en outre, des pierres ardentes s'élancer du
haut de la montagne au milieu d'une épaisse fumée accompagnée d'éclairs et de tonnerres fréquents.

« Les vomissements enflammés continuèrent jusqu'au
mardi, et ce jour l'éruption des matières fondues, les
éclairs et le bruit cessèrent ; mais un vent de sud-ouest
s'étant mis à souffler fortement, les cendres furent cha-
riées en grande quantité jusqu'aux extrémités du
royaume. Dans quelques endroits elles étaient très-fines,
dans d'autres grosses comme du gravier. Dans le voisi-

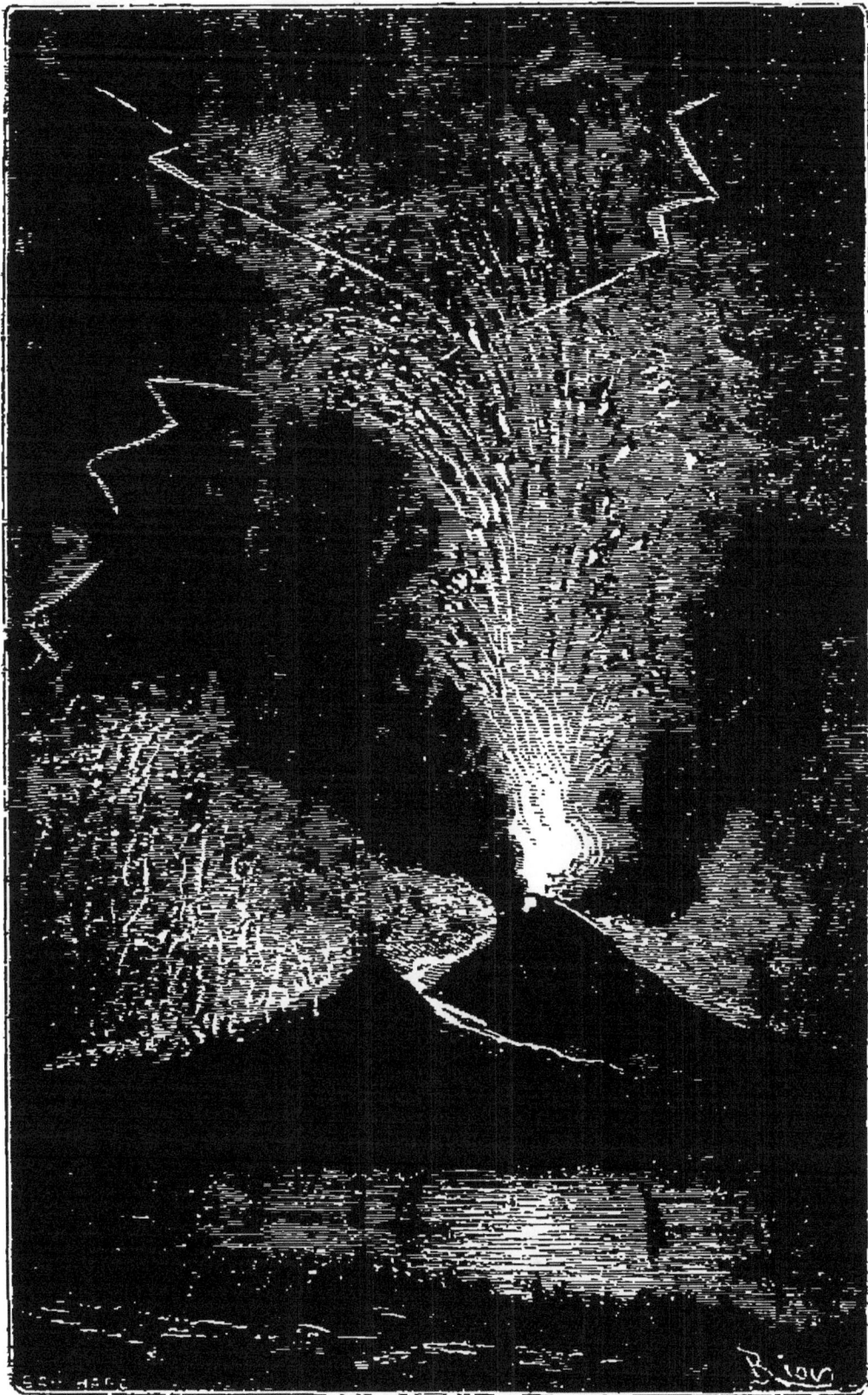

Fig. 2. — Éruption du Vésuve en 1757.

nage du Vésuve, on éprouva non-seulement la pluie de cendres, mais encore une grêle de pierres ponces et autres.

« La fureur du volcan ayant commencé à s'apaiser le mardi au soir, le dimanche suivant il n'y avait presque plus de flammes à la bouche supérieure, et le lundi on ne vit que peu de fumée et de cendres. Il commença de pleuvoir abondamment ce jour-là, et la pluie continua le mardi et plusieurs jours ensuite, circonstance qui a constamment accompagné les éruptions.

« Les dommages occasionnés dans le voisinage par cette éruption de feu et de cendres sont incroyables. A Ottajano, situé à 4 ou 5 milles du Vésuve, les cendres avaient quatre palmes de hauteur sur le terrain. Tous les arbres furent brûlés. Les habitants étaient dans la consternation et l'effroi, et beaucoup de maisons s'écroulaient écrasées sous le poids des cendres et des pierres[1]. »

C'est près de Torre del Greco qu'en 1797 une rivière de lave, large de 1,500 pieds, haute de 14, courut 5 milles et demi, puis s'avança à 600 pieds dans la mer. L'ambassadeur anglais, sir William Hamilton, qui a laissé d'intéressantes études sur le Vésuve, monta dans une barque, et se fit conduire auprès de cette muraille ardente. « A 300 pieds à la ronde, dit-il, la lave faisait fumer et bouillonner l'eau, et jusqu'à 2 milles au delà les poissons périrent. »

En 1822, l'éruption fut précédée par un affaissement du sommet. Le cône, qui avait été soulevé sur le sol du

[1] *Transactions philosophiques.*

cratère à la hauteur de 200 mètres, et qui apparaissait au-dessus des bords, s'écroula dans la nuit du 22 octobre avec un horrible fracas. « La nuit suivante, dit Humboldt, commença l'éruption ignée des cendres et des *rapilli* [1]. Elle dura douze jours sans interruption : les quatre premiers jours elle avait atteint son maximum. Pendant ce temps, les détonations dans l'intérieur du volcan furent si violentes, que le simple ébranlement de l'air (on n'avait senti aucune secousse du sol) fit éclater les plafonds des appartements du palais de Portici.

« La vapeur d'eau chaude qui s'élevait du cratère se condensait, au contact de l'atmosphère, en un nuage épais, haut de 9,000 pieds. Cette condensation si brusque de la vapeur et la formation même de nuage augmentaient la tension électrique. Des éclairs sillonnaient en tous sens la colonne de cendres, et on entendait distinctement le roulement du tonnerre, sans le confondre avec le fracas intérieur du volcan. Dans aucune autre éruption l'électricité ne s'était manifestée d'une manière aussi frappante. »

En 1850, la lave sortit du cratère avec une abondance extraordinaire, entraînant de très-grands blocs graniteux. Les bords du vaste plateau formé par ce courant constituent une sorte de rempart cyclopéen élevé de plus de 5 milles au-dessus de la plaine où le torrent s'est arrêté.

De 1855 jusqu'en 1858, le Vésuve, a été en éruption continuelle. A la fin de mai et au commencement de juin de cette dernière année, le phénomène se mani-

---

[1] Fragments de pierres poreuses incandescentes.

festa avec une très-grande violence. Dans l'espace de
deux jours, cinq fissures vomissant une énorme quantité de laves et de fumée s'ouvrirent sur les flancs du
cône. La figure ci-contre, qui reproduit un dessin fait
à cette époque, représente plusieurs de ces fissures situées près de la base au moment de leur plus grande

Fig. 3. — Éruption du Vésuve en 1858.

activité. C'était un magnifique spectacle au milieu de la
nuit. Les laves formèrent de larges fleuves qui se di-
visèrent en plusieurs branches. M. Palmieri, directeur
de l'observatoire construit sur le Vésuve, a soigneuse-
ment décrit tous les phénomènes de cette éruption,
ainsi que ceux qui accompagnèrent, en 1861, la violente éruption de Torre del Greco.

2

ASCENSIONS

Nous avons eu l'occasion de visiter deux fois le Vésuve. Ce fut d'abord en 1836, pendant une période de
repos. Après avoir quitté au bord de la mer le village de
Résina, on monte à travers les vignobles qui produisent
le vin renommé de lacryma-christi. D'anciennes coulées de lave apparaissent de distance en distance, mais
en partie revêtues d'une fraîche verdure. Un groupe de
grands arbres ombrage encore le plateau de l'ermitage
situé à mi-hauteur de la montagne. La végétation diminue ensuite, et on entre dans la région purement minérale. L'immense désert de scories et de cendres s'é-
tend de tous côtés.

L'aspect des champs de lave est surtout frappant.
Comme dans les glaciers des Alpes, c'est une mer avec
ses vagues qui semble avoir été tout à coup figée. Mais
au lieu d'un cristal brillant sous les rayons du soleil, on
a devant soi une matière noire et terne sur laquelle se
détachent çà et là des scories grises ou jaunâtres comme
des crêtes d'écume.

Il est nécessaire de s'engager pendant quelque temps
dans la vallée qui est formée par la Somma et le cône,
afin de trouver le point où l'ascension de celui-ci devient le plus facilement praticable. A cause de la grande
inclinaison de la pente, elle est toujours pénible et emploie près d'une heure. Dans la partie inférieure, ce
sont des scories qui dominent. Les amas qu'on gravit
s'écroulent souvent et forcent à recommencer le che-

min. Plus haut les pieds s'enfoncent dans une cendre fine qui gêne extrêmement la marche.

Le sommet atteint, on domine le cratère, et les yeux se portent alternativement sur l'abîme horriblement bouleversé, et sur l'harmonieux paysage que présente le golfe de Naples avec ses îles et ses promontoires. Répétons ce qu'a dit Chateaubriand : « C'est le paradis vu de l'enfer. »

A chaque éruption, le vaste bassin qui constitue le cratère change de forme. Des cônes nouveaux s'élèvent et s'écroulent, des roches se superposent en retombant, des crevasses s'ouvrent. Nous avons pu observer le fond de quelques-unes où les matières présentaient une remarquable variété de coloration, et la bouche même du volcan d'où l'on voyait sortir une épaisse colonne de fumée. Les circonstances nous favorisaient. Le vent dégageait le côté du gouffre auquel nous arrivions, et facilitait l'examen des parois intérieures couvertes de pierres calcinées et des vitrifications.

Peu de minutes suffisent pour arriver au bas du cône, escaladé avec tant d'efforts. On se laisse glisser sur les cendres comme dans les neiges des hautes montagnes.

Le retour au milieu de la nature vivante a un très-grand charme après ce séjour dans l'aride solitude du volcan. Avec quel plaisir on retrouve l'ombrage des pins, les fleurs et les oiseaux !

En 1846, le contraste devait être plus complet encore. Nous avions passé la journée sur la côte de Sorrente, dans la belle contrée qui a vu naître le Tasse, et à l'entrée de la nuit nous arrivions sur le Vésuve, alors en éruption.

Les explosions n'étaient pas assez violentes pour empêcher de visiter le cratère. Un sombre nuage le dominait et se teignait des reflets de l'incendie intérieur ; on entendait le bruit d'une formidable haleine sortant du gouffre, et des pierres brûlantes lancées en gerbes à perte de vue retombaient avec fracas sur les bords du cône. Le plus souvent l'éruption était précédée d'un roulement de tonnerre dans les profondeurs de la montagne, le sol tremblait, et pendant que le jet de gaz pénétrait dans le grand panache de fumée, des détonations semblables à des décharges d'artillerie ébranlaient l'air.

On voyait la lave sourdre à travers les fentes du cratère et couler en pétillant dans des canaux inclinés. La température diminue assez rapidement à partir de l'orifice ; le courant se couvre de scories qui s'agglutinent et forment bientôt une voûte solide sur laquelle on peut passer sans danger. Au centre, la matière est encore incandescente après cinq ou six ans.

LES CHAMPS PHLÉGRÉENS

Indépendamment des phénomènes éruptifs intermittents du Vésuve, on constate autour de sa base quelques manifestations permanentes d'un ordre secondaire, comme les nombreuses sources minérales de Castellamare, de Santa Lucia, et les émanations gazeuses de la mer aux environs de Torre del Greco. Une région située à l'ouest de Naples renferme encore d'autres organes importants liés à ce grand évent des feux souter-

rains. Les anciens la désignaient sous le nom de champs
Phlégréens, ou même sous celui de Forum de Vulcain.
La mythologie y plaçait l'un des travaux d'Hercule, sa
victoire sur les géants « fils de la Terre, » symbolisant
ainsi la conquête du sol fertile de cette contrée pendant
la période du repos qui succédait aux éruptions de l'âge
primitif.

Fig. 4. — Le Vésuve (1866).

Sur une surface de 300 kilomètres carrés s'élève une
série de collines en tuf ponceux, ayant la forme régulièrement circulaire qui caractérise les cratères. Naples
est bâtie au milieu d'un bassin semblable. On en distingue d'autres, très-voisins, du haut du couvent des Camal-
dules et du Promontoire de Pausilippe. La petite île de
Nisida est aussi un cône éruptif avec un cratère ouvert

du côté de la mer. La même disposition circulaire s'observe dans l'ensemble des collines de Cumes. Ajoutons l'île Procida, le groupe des Ponza, les îles Ventotienne et San Stefano, qui sont évidemment les restes d'une île plus grande. Le Vésuve d'ailleurs se lie à la chaîne des volcans éteints du Latium et de l'Italie septentrionale par deux cônes de grande dimension qui se trouvent sur le flanc des Apennins, à mi-distance des deux mers, les monts Vultur et Rocca Monfina. On y voit de vastes cratères qui n'ont pas été en activité depuis les temps historiques, mais qui présentent encore quelques émanations carboniques.

LA SOLFATARE

Au centre des champs Phlégréens, un cratère très-remarquable a reçu le nom de Solfatare, à cause des nombreuses matières sulfureuses qu'il renferme. Il est situé près de la ville de Pouzzoles, dont le terrain fournit surtout le produit volcanique appelé *pouzzolane*, si utile pour toutes les constructions hydrauliques.

Ce bassin, dans lequel une éruption a eu lieu en 1198, présente encore d'incontestables traces de la haute température des laves souterraines avec lesquelles une fissure le met sans doute en communication. De chaudes vapeurs sulfureuses s'élèvent constamment des différents orifices percés au fond de l'entonnoir ou dans les roches volcaniques qui l'entourent. On a donné dans l'antiquité le nom de *Leucogée* ou colline blanche à l'éminence formée par ces roches décomposées et blanchies par la vapeur. Le minerai qui est exploité d'ordinaire

contient un tiers de soufre ; cependant, dans quelques
parties, ce corps a sublimé naturellement et apparaît
presque pur. Les roches dissoutes par la pluie forment
sur le plancher du cratère des couches semblables à de
la terre de pipe, que les gaz remplissent de boursouflures. C'est ainsi que M. Poulett Scrope[1] rend compte de
de la résonnance (*rimbomba*) que chaque pas fait entendre, et que d'autres savants ont attribuée à l'abîme
situé au-dessous de la voûte.

L'AVERNE

« Expliquons maintenant la nature de ces lieux fu-
nestes, de ces lacs nommés *Avernes*. D'abord, ce nom
leur a été donné parce qu'ils sont mortels pour les oiseaux ; en effet, quand les habitants de l'air sont arrivés
directement au-dessus de ces lieux, ils semblent avoir
oublié l'art de voler ; leurs ailes n'ont plus de ressort ;
ils tombent sans force, la tête penchée, ou sur la terre
ou dans les eaux, si c'est un lac qui leur donne la mort.

« Ainsi à Cumes, près du mont Vésuve, est un endroit
où les fontaines chaudes exhalent une épaisse fumée. On
en trouve encore un semblable dans les murs d'Athènes
au sommet de la citadelle, à côté du temple de Minerve:
les rauques corneilles n'osent jamais en approcher, tant
elles fuient avec effroi, non pas la colère de Pallas, que
leur attira leur vigilance, selon le récit des poëtes grecs,
mais les exhalaisons mêmes de ce lieu, qui suffisent
pour les en détourner. On dit qu'il y a encore un autre

---

[1] *Les Volcans*, leurs caractères et leurs phénomènes, par G. Poulett
Scrope, traduit de l'anglais par E. Pieraggi. Paris, 1864.

Averne de cette espèce en Syrie, et que les quadrupèdes eux-mêmes ne peuvent y porter leurs pas sans que la vapeur les fasse tomber comme des victimes immolées tout à coup aux dieux mânes. Tous ces effets sont naturels, et l'on peut en trouver les causes, sans s'imaginer que ces lieux soient autant de portes du Tartare, par où les divinités infernales attirent les âmes sur les bords d'Achéron [1]. »

A l'ouest de Pouzzoles, plusieurs cratères se sont remplis d'eau et forment des lacs. C'est là que se trouve l'Averne, auquel l'imagination des anciens attachait une sombre légende. Après les éruptions primitives, d'épaisses forêts avaient couvert le flanc des collines qui l'entourent, et au milieu de leurs profondes ténèbres Homère place la demeure des Cimmériens. Virgile en fait le lieu terrible où une sibylle conduit son héros à l'entrée des enfers.

Aujourd'hui les forêts ont disparu et l'oiseau franchit sans crainte un lac bleu dont les bords sont plantés de vignes. Mais les gaz délétères ont dû se dégager longtemps près de l'Averne, comme cela arrive encore en plusieurs endroits, sur les rives du lac voisin d'Agnano. A peu de distance se trouve la *grotte du chien*, excavation dans laquelle, sans ressentir le moindre mal, on voit périr près de soi, quand on reste debout, des animaux de petite taille. Cette grotte renferme une fissure par laquelle sort du gaz carbonique, qui, plus pesant que l'air, forme une couche près du sol et n'étend son influence qu'à une hauteur d'environ 2 pieds.

---

[1] LUCRÈCE. liv. VI.

II

L'ETNA

ANCIENNES ÉRUPTIONS — LE VAL DEL BOVE

On lit dans *l'Énéide* : « ... Cependant le vent nous quitte avec le soleil. Fatigués, nous touchons aux rives des Cyclopes. Près du port, inacessible aux vents, l'Etna tonne dans ses effroyables éruptions. Tantôt lançant aux nues un noir nuage mêlé de fumée, il roule des globes enflammés : tantôt vomissant des rocs de ses entrailles ardentes, il mugit, rassemble dans les airs les pierres calcinées, et bouillonne au fond de ses abîmes.

« Encelade, le corps à demi brûlé de la foudre, est enseveli sous cette masse. A travers les soupiraux du grand Etna qui le presse, il exhale la flamme, et chaque fois qu'il retourne ses flancs fatigués, toute la Trinacrie tremble, le ciel se couvre de fumée.

« Effrayés de ce prodige, nous passons la nuit sous le toit des forêts, sans voir la cause de ce fracas horrible ; les astres étaient sans clarté, le pôle ne brillait pas des

célestes splendeurs, et les nuages d'un ciel obscur en-
veloppaient la lune de ténèbres. »

Cette description de Virgile est un des récits qui
prouvent l'activité de l'Etna pendant les siècles qui ont
précédé l'ère chrétienne. A partir de cette époque, le
volcan a traversé une longue phase de repos, mais depuis huit siècles, de violentes éruptions se sont succédé
à de courts intervalles, et leur fréquent retour a mul-
tiplié les dislocations du sol à tel point que l'on compte
aujourd'hui sur les flancs de la montagne plus de
deux cents couches secondaires. Le cône principal
élève à 3,300 mètres au-dessus de la mer sa cime
fumante et couverte de neige. Parmi les ravins qui
en sillonnent les pentes, on remarque une profonde
vallée, le célèbre val del Bove, ouverte dans son
flanc oriental, et qui descend jusqu'à la mer. « Le
val del Bove, dit M. Poulett Scrope[1], m'a toujours paru
provenir d'une grande fissure, transformée en cratère
par quelque paroxysme qui a fait sauter jusqu'au cœur
de la montagne, et élargie par l'action de débâcles
aqueuses, provenant de la fonte soudaine des neiges sur
les hauteurs, sous l'influence de la chaleur émanant des
laves expulsées et des averses de scories rougies retombant à la surface. On rapporte, en effet, qu'un pareil
torrent roula dans cette vallée au mois de mars 1755,
le volcan étant alors tout couvert de neige. D'après Ri-
cupero, il avait une vitesse de 2 kilomètres à la minute
sur un espace de 20 kilomètres, vitesse qui devait lui
donner une force énorme de destruction et d'entraîne-

[1] *Les Volcans.*

Fig. 5. — Éruption de l'Etna en 1754.

ment. Aussi, son lit, de 3 kilomètres de large, est-il
encore très-visiblement ouvert, à une profondeur de 10
à 12 mètres, de sables et de fragments de rochers. De
semblables débâcles ont auparavant, pendant plusieurs
siècles, dû suivre le même cours, et former la vaste accumulation de débris qui se trouve à l'entrée de la vallée,
du côté de la mer, près de Giarri. Ce banc d'alluvion a
plus de 50 mètres de profondeur, mesure 46 kilomètres sur 5, et semble une plage soulevée à 140 mètres
au-dessus de la mer. »

Pendant la grande éruption du 21 août 1852, décrite par sir Charles Lyell, un grand nombre d'ouvertures se déclarèrent depuis le sommet jusqu'à la base du
grand précipice qui forme l'entrée du val. Du cône
formé par l'ouverture la plus basse partit une large
nappe de lave, qui, se précipitant en cascade dans un
profond précipice, faisait entendre dans sa chute un
bruit de « substances métalliques et de verres qui
se brisent. » Cette éruption dura neuf mois, et la
profondeur des laves accumulées atteignit en certains
points 50 mètres.

Les récents travaux des géologues ont fait connaître
la prodigieuse quantité de matières ajoutée, depuis
huit siècles, à la masse de l'Etna, et l'on comprend devant de telles accumulations que la montagne tout entière puisse avoir été formée par la série des éruptions
qui se sont succédé durant des périodes indéfinies. Cette
explication d'ailleurs n'exclut pas l'accroissement de la
masse par des gonflements intérieurs, dus au soulèvement des couches ou à l'injection de la lave dans les
fissures du volcan.

CRATÈRE DE L'ETNA

M. Élie de Beaumont, qui, accompagné de Léopold
de Buch, fit en 1834 une ascension au sommet de
l'Etna, décrit ainsi un cratère en activité, situé sur ce
sommet :

« Ce fut pour nous tous un moment de surprise assez difficile à dépeindre, quand nous nous trouvâmes à
l'improviste non au bord du grand cratère, mais au
bord d'un gouffre circulaire d'environ 80 à 100 mètres
de diamètre, qui n'y touche que par une petite
partie, de sa circonférence. Nos regards plongeaient
avidement dans cet entonnoir presque cylindrique,
mais c'était en vain qu'ils y cherchaient le secret
de la volcanicité ! Les assises à peu près horizontales, qui se dessinaient dans les escarpements presque verticaux, ne nous révélaient que la structure
du cône supérieur. En cherchant à les compter les
unes au-dessous des autres, on les voyait se perdre
peu à peu dans l'obscurité complète du fond. Aucun
bruit ne sortait de ce fond ténébreux ; il ne s'en exhalait que des vapeurs blanchâtres, légèrement sulfureuses, formées principalement de vapeur d'eau. L'aspect lugubre de ce gouffre noir et silencieux, dans lequel
nos regards se perdaient ; ses flancs obscurs et humides,
le long desquels serpentaient, d'une manière languis-
sante et monotone, de longs flocons de vapeur d'une
teinte grise et mélancolique, le grand cratère, auquel se
rattache le gouffre étroit, et dans lequel l'entassement

confus de matières diversement colorées en jaune, en gris, en rouge, semblait l'image du chaos, tout présentait autour de nous un aspect funèbre et sépulcral. Le froid du matin, secondé par un vent léger au nord-est, augmentait encore pour nous cette impression triste et sauvage. »

Fig. 6. — Etna, 1853. — Le cratère, d'après Sertorius.

Le cône actuel de l'Etna s'élève au-dessus d'une plate-forme, dont le bord circulaire marque la limite d'un ancien cratère, beaucoup plus vaste, comblé depuis l'époque de sa formation par les laves et les scories. La configuration des cratères, comme le fait très-bien observer M. Poulett Scrope, n'est pas seulement modifiée par l'action du temps et des agents météoriques ; les phénomènes volcaniques, par une série de causes alternatives, produisent tour à tour des cratères, de profondes excavations dans l'intérieur de la montagne, et les remplissent ensuite par des éruptions qui augmentent en même temps le volume des cônes nouvellement formés.

ÉRUPTION DE 1669

Cette éruption, une des plus violentes dont on ait gardé le souvenir, fut précédée d'un ouragan terrible, qui s'éleva soudainement le 8 mars, deux jours avant le commencement du désastre. Des commerçants anglais, témoins de ses différentes phases, en ont donné une émouvante description :

« Le ciel parut noir pendant dix-huit jours avant l'éruption ; il y eut de fréquents tremblements de terre, accompagnés d'éclairs et de tonnerres, dont le peuple faisait des rapports effrayants. — On observa que l'ancienne bouche, ou le sommet de l'Etna, avait vomi des flammes plus qu'à l'ordinaire pendant deux ou trois mois auparavant, et que le sommet s'était affaissé dans son ancien cratère.

« La première éruption se fit le 11 mars 1669, deux heures avant la nuit, du côté du sud-est, sur les bords de la montagne, environ 20 milles en dessous de l'ancien cratère et à 10 milles de Catane. — Le courant de lave embrasée vomi par le volcan pendant vingt jours a détruit dans la contrée supérieure quatorze villes ou villages, dont quelques-uns assez considérables, contenant 3 à 4,000 habitants, et s'est étendu dans un pays agréable et fertile, que le feu n'avait jamais dévasté.

Fig. 7. — Éruption de l'Etna en 1669. La lave envahit les remparts de Catane.

Maintenant on n'y trouve plus la trace de l'existence de ces villes ; il n'en reste qu'une église et un clocher qui se trouvaient isolés sur une petite éminence.

« La matière de cet écoulement n'est autre chose que différentes espèces de minéraux liquéfiés dans les entrailles de la terre par la violence du feu, qui bouillonnent et sourdent comme la source d'une grosse rivière. Lorsque la masse liquide a coulé l'espace d'un jet de pierre ou plus, son extrémité commence à se figer et à se couvrir d'une croûte qui, lorsqu'elle est froide, forme ces pierres dures et poreuses que les habitants du pays appellent *sciarri*. La masse ressemble alors à un amas d'énormes charbons embrasés qui roulent et se précipitent lentement l'un sur l'autre ; lorsqu'elle rencontre quelque obstacle, elle monte, s'amoncelle, renverse par son poids les édifices ordinaires, et consume tout ce qui est combustible. La principale direction de ce torrent était en avant ; mais il s'étendait aussi comme fait l'eau sur un terrain uni, et formait différentes branches ou langues, comme on les appelle dans ce pays.

« Nous montâmes à deux ou trois heures de nuit sur une haute tour à Catane, d'où l'on voyait pleinement la bouche du volcan : c'était un spectacle terrible que la masse de feu qui en sortait. Le lendemain matin, nous voulûmes aller à cette bouche ; mais nous n'osâmes en approcher de peur que, le vent venant à changer, nous ne fussions abîmés sous quelque portion de l'immense colonne de cendres qui s'élevait et nous paraissait deux fois plus épaisse que le clocher de Saint-Paul de Londres, et d'une hauteur infiniment plus considérable. L'atmosphère, dans le voisinage, était toute remplie de la partie la plus subtile de cette cendre : et, depuis le commencement de l'éruption jusqu'à sa fin (pendant cinquante-quatre jours), on ne vit ni le soleil ni les étoiles dans tous les environs de la montagne.

« L'orifice par où sortaient le feu et les cendres faisait entendre un mugissement continuel, comme le bruit des vagues de la mer lorsqu'elles se brisent contre les rochers ou comme les roulements d'un tonnerre éloigné. On a entendu ce bruit jusqu'à 100 milles au nord, dans la Calabre, où l'on a vu aussi tomber des cendres.

« Vers le milieu de mai nous retournâmes à Catane ; la face des choses y était bien changée : la ville était aux trois quarts entourée de ces *sciarri*, à la hauteur des murs, et en quelques endroits ils avaient passé par-dessus. — Les habitants s'occupaient à barricader certaines rues et passages par où l'on présumait que le feu pourrait entrer : ils démolissaient pour cela les vieilles maisons des environs, et ils en entassaient les pierres sèches en forme de murailles, prétendant qu'elles résistaient mieux au feu parce qu'il n'y avait pas de chaux.

« La vue générale de ces *sciarri* ressemble assez à des glaçons ammoncelés sur une rivière dans les grandes gelées ; ils présentent de même un amas de gros flocons raboteux, mais leur couleur est toute différente ils sont la plupart d'un bleu obscur, et renferment des pierres et des rocs, qui s'y trouvent engagés d'une manière très-solide [1]. »

---

[1] *Transactions philosophiques*, vol. IV.

Fig. 8. — Etna. Cascade de feu; éruption de 1771.

Pendant cette éruption, la lave accumulée devant le mur de Catane, haut de 60 pieds, roula par-dessus sans le renverser, et l'on voit encore « une arcade de lave se recourbant par-dessus le mur comme une vague sur la plage[1]. » Ce curieux phénomène et d'autres faits analogues tiennent à ce que la vapeur qui s'échappe de la surface du courant de lave, accumulée entre cette surface et la surface plane de l'obstacle, empêche le contact immédiat. On voit alors la lave s'arrêter, « comme par magie, » à quelques pouces de la surface de résistance, qui doit présenter une assez grande étendue pour que la vapeur remplisse l'étroit espace intermédiaire, et oppose une force suffisante au lent mouvement de la lave.

Si l'impulsion du courant de lave est considérable, les obstacles cèdent, et c'est ainsi que, pendant la même éruption de 1669, le puissant torrent qui descendit sur Catane causa de grands désastres, et forma un promontoire qui s'avance à plus d'un kilomètre en mer. Ce torrent de lave jaillissait du point le plus bas d'une énorme fissure ouverte dans le flanc sud-est de l'Etna. Il s'étendit sur une surface de 22 kilomètres de long sur 10 de large en quelques endroits. — Heureusement heurté dans son trajet par un autre courant qui portait à l'ouest, il se détourna, et, côtoyant les remparts de Catane, il dépassa le port et atteignit enfin la mer le 23 avril. Alors commença entre l'eau et le feu un combat dont chacun peut se faire une idée, mais que semblent renoncer à décrire ceux-là même qui

[1] Poulett Scrope.

furent témoins de ces terribles scènes. La lave, refroi-
die à sa base par le contact de l'eau, présentant un front
perpendiculaire de 14 à 1500 mètres d'étendue, de 30
à 40 pieds d'élévation, s'avançait lentement, charriant
comme autant de glaçons d'énormes blocs solidifiés,
mais encore rouges de feu. En atteignant l'extrémité de
cette espèce de chaussée mobile, ces blocs tombaient
dans la mer, la comblaient peu à peu, et la masse fluide
avançait d'autant. A ce contact brûlant, d'énormes
masses d'eau, réduites en vapeur, s'élevaient avec d'affreux sifflements, cachaient le soleil sous d'épais nuages, et retombaient en pluie salée sur toute la contrée
voisine. En quelques jours la lave avait reculé d'environ
500 mètres les limites de la plage[1]. »

Pendant les éruptions de 1754, 1766, 1771, 1780,
1792, 1809 et 1812, de profondes déchirures ont aussi
ouvert passage à la lave et aux scories par des orifices
situés sur la ligne de déchirement. Quelques-uns des
cônes formés en peu de jours autour de ces orifices me-
surent jusqu'à 1,000 pieds de hauteur. Les couches de
lave, sont en moyenne, épaisses de 8 à 10 mètres, et
quelquefois bien davantage. On voit donc avec évidence
que la masse de l'Etna a dû considérablement s'accroî-
tre par l'énorme quantité de matières rejetées depuis
l'ère historique. Et en comparant cette période à la
période primitive, dont la géologie nous indique l'immense durée, nous sommes fondés à croire que la plus
grande partie de la montagne a été formée, comme
l'Islande, par une série d'éruptions et par l'accroissement intérieur des laves inejectées.

[1] *Souvenirs d'un naturaliste,* par A. de Quatrefages.

Fig. 9. — Éruption de 1766.

ÉRUPTION DE 1865

Des secousses fréquentes de tremblements de terre, ressenties sur les flancs de l'Etna au mois d'octobre 1864, furent les premiers symptômes de cette récente éruption. Vers la fin de janvier, un tourbillon de fumée s'éleva du cratère, et, à la même époque, des mugissements sourds, accompagnés de secousses peu violentes, se firent entendre sur le versant oriental des Apennins. Autour de l'Etna l'atmosphère, quoique sereine, était suffocante; la colonne de fumée s'élevait toujours plus haute et plus intense, et d'autres signes bien connus présageaient le prochain réveil du volcan.

Dans la nuit du 30 au 31 janvier, une violente secousse fit sortir de leurs maisons les habitants des villages situés sur le flanc nord-est de la montagne[1]. Immédiatement après, des gerbes de feu s'élevèrent en un point placé à 1,700 mètres environ au-dessus de la mer, et, aussitôt le sol entr'ouvert, la lave se mit à couler rapidement; en deux ou trois jours elle avait parcouru une longueur de 6 kilomètres, sur une largeur de 3 à 4, avec une épaisseur variable, mais atteignant souvent de 10 à 20 mètres. Ce courant de lave, arrêté par un ancien cône d'éruption, s'est divisé en deux bras, l'un desquels, précipité dans une étroite et profonde vallée, formait une cascade de feu, charriant à sa sur-

---

[1] Nous empruntons ces détails à l'intéressante lettre adressée par un savant géologue, M. Fouqué, témoin de l'éruption, à M. Sainte-Claire Deville.

face des blocs solidifiés qui tombaient avec fracas d'une hauteur de 50 mètres.

Les cratères, à la date du 10 mars, étaient au nombre de sept, dont cinq compris dans une vaste enceinte crevassée, fermée de tous côtés, excepté vers l'ouest où elle présentait une ouverture par laquelle s'échappaient des torrents de lave. Ces cratères étaient implantés sur le prolongement d'une large déchirure du sol, produite probablement dès le début de l'éruption, fait observé fréquemment, ainsi qu'on a pu le voir dans les précédentes relations.

« Les trois cratères supérieurs, dit M. Fouqué, produisent environ deux ou trois fois par minute, de très-fortes détonations, ressemblant au roulement du tonnerre. Les cratères inférieurs, au contraire, font entendre sans cesse une série de bruits tellement redoublés, qu'il est impossible de les compter. Ces bruits se succèdent sans trêve ni repos ; ils sont éclatants, distincts les uns des autres. Je ne puis mieux les comparer qu'au bruit produit par une série de coups de marteau tombant sur une enclume. Si les anciens ont entendu semblable bruit, je conçois fort bien comment l'idée leur est venue d'imaginer une forge au centre de l'Etna, avec des cyclopes pour ouvriers. »

EMPÉDOCLE

La fécondité des terres volcaniques ne se montre nulle part aussi bien que dans les plaines et les belles vallées de la Sicile, au pied des pentes fertiles de l'Etna,

plantées de vignes, d'oliviers, de pins, de châtaigniers
et de chênes. « La terre, dit Homère, y est féconde
sans être ensemencée, ni labourée ; elle produit le fro-
ment, l'orge, la vigne dont les grappes abondantes
donnent le vin ; et la pluie de Jupiter fait croître les
fruits[1]. » C'est au milieu des riches moissons de cette

Fig. 10. — Éruption de l'Etna en 1865. Le cratère avant l'éruption.

région magnifique que Cérès eut ses premiers autels.
La Sicile était autrefois appelée le *grenier de Rome*, qui
n'en tira pas seulement d'abondants produits, mais qui
retrouva dans ses grands hommes l'âme de la Grèce,
intarissable source de civilisation et de progrès.

Nous n'avons pas à retracer ici l'histoire des philo-

[1] *Odyssée.*

sophes et des savants illustres de cette île florissante, pendant la domination des Grecs. Nous parlerons seulement d'Empédocle, né à Agrigente, qui excella dans les sciences, la philosophie, la poésie et la musique. Issu d'une des premières familles de la Sicile, beau, éloquent, généreux, il refusa la royauté qui lui était offerte, et, guidé par une ambition plus haute, tenta de réformer les mœurs et de contribuer au bien de sa patrie en aidant au développement de ses libertés. Disciple de Pythagore, il croyait que l'unité est le principe de toutes choses, et contestait l'existence des dieux de son temps. Accusé d'orgueil et d'impiété, il eut à subir les atteintes de la calomnie, et, après sa mort, on fit courir le bruit qu'il s'était précipité dans le cratère de l'Etna, afin de faire croire à son apothéose et d'obtenir les honneurs divins. Une sandale d'airain rejetée par le volcan, et qu'on reconnut lui appartenir, vint démasquer son étrange vanité. Si l'on admet ce récit, il est infiniment plus probable qu'Empédocle périt, comme Pline, victime de son zèle pour la science, et que le fait invraisemblable de sa mort volontaire fut imaginé par les ennemis que lui avaient fait sa haute raison et sa courageuse sincérité.

La renommée d'Empédocle fut d'ailleurs éclatante. Les vers de son poëme sur *la Nature*, dont il ne nous reste que des fragments, étaient chantés dans les jeux Olympiques, et ses nombreux ouvrages de science et de morale lui avaient valu l'admiration des meilleurs esprits de son époque. Les habitants d'Agrigente, devançant l'hommage de la postérité, lui élevèrent une statue. Les légendes siciliennes ont placé son habitation dans une tour en ruines, la Torre del Filosofo, monument antique élevé sur les roches à pic qui dominent le Val del Bove. Dans la belle peinture de Raphaël, célèbre sous le nom d'*École d'Athènes*, une des puissantes œuvres que l'art nous a léguées, Empédocle est placé entre Archimède et Pythagore.

LÉS CYCLOPES

Les Cyclopes, suivant la légende, avaient établi leurs forges dans les cavernes voisines de l'Etna, dont le cratère, dit Pindare, ressemble à la vaste cheminée d'une fournaise. Antiques puissances de l'atmosphère, forgerons de Vulcain, dieu du feu, ils fabriquaient les foudres célestes, et le bruit de leurs marteaux retentissait au loin. Plus tard ils forgèrent des armes pour les mortels, et on les trouve ainsi confondus avec les mystérieux Kabires, prêtres de Cérès, habiles métallurgistes, qu'on doit considérer comme les premières puissances industrielles. C'est sur les cimes volcaniques du Caucase qu'était enchaîné Prométhée, inventeur du Feu, créateur des arts et de l'industrie.

Encelade, le plus puissant des Titans, enseveli sous la Sicile, était, selon la fable, la cause des éruptions de l'Etna. « Toutes les fois que le géant se remuait, il faisait jaillir des flammes ou bouleversait la terre et les eaux. » M. Élisée Reclus dit très-bien à ce sujet :

« On ne peut s'empêcher de contempler le volcan comme s'il était un être doué d'une vie individuelle, et jouissant de la conscience de sa force. Les traits de l'Etna, si réguliers et si nobles dans leurs repos, ont quelque chose de la figure d'un dieu endormi ; ce n'est point là, ainsi que le disait la légende antique, la montagne qui pèse sur le corps d'Encelade, c'est le Titan lui-même, l'ancienne divinité protectrice des Sicules, délaissée pour les dieux plus jeunes de la Grèce, les maîtres de l'Olympe[1]. »

« Théocrite, dans une de ses idylles, fait ainsi décrire au cyclope Polyphamos les riantes campagnes de la Sicile : « Là, sont des lauriers, de grêles cyprès, un lierre noir, une vigne aux doux fruits et une eau fraîche, liqueur ambroisienne que l'Etna m'envoie de ses blanches neiges. »

La grande fertilité des terres volcaniques, dont nous avons déjà pu voir un exemple dans les champs Phlégréens, devait y fixer, dès l'origine des sociétés, les races primitives dont l'histoire légendaire se confond avec la fable, mais elle nous indique pourtant, par quelques traits frappants, les premiers efforts, les premières conquêtes de l'homme, cherchant et découvrant dans la nature les moyens d'étendre sa domination, et d'établir sur de plus solides bases un bien-être alors trop instable, trop soumis aux redoutables phénomènes du sol et de l'atmosphère. Sans doute, le voisinage des cratères, tout en lui offrant une terre plus féconde, le plaçait sous l'influence directe de commotions désastreuses ; mais tous ceux qui ont habité les belles contrées qu'animent des volcans encore actifs, comprendront le charme étrange de ces poétiques régions, où nous sentons vivre,

---

[1] *Revue des Deux Mondes*. 1er juillet 1865.

pour ainsi dire, la planète qui nous porte, et où les premiers hommes se croyaient entourés par les mer-veilleuses manifestations de la puissance des dieux.

LES ILES ÉOLIENNES

Ces petites îles, au nombre de sept, situées près la Sicile et nommées aujourd'hui îles Lipari, sont les anciennes *Vulcanies*, sur lesquelles régnait Éole, dieu des vents. La montagne d'Iliéra était consacrée à Vulcain, qui avait dans l'île son palais. Nous voyons par ces fables que le groupe des Éoliennes était à la fois célèbre par ses volcans et par des phénomènes météoriques très-fréquents dans cette partie de la Méditerranée.

Placées entre Naples et la Sicile, ces îles peuvent être considérées comme appartenant à un même système, à un même volcan sous-marin, aujourd'hui encore en activité par les orifices du Stromboli (Strongyle) et du Vulcano (Iliéra). Avant de décrire ces deux volcans, nous jetterons un coup d'œil sur l'ensemble des îles, que M. Poulett Scrope recommande fortement à l'étude des géologues qui désirent se former par eux-mêmes une opinion sur les phénomènes volcaniques. »

Les anciennes « Forges de Vulcain » ont toutes des cratères à leurs sommets. Les navigateurs phéniciens, frappés des bruits qui en sortaient et qu'on entendait au loin, leur avaient donné le nom d'îles des Musiciens. Les montagnes qui les forment sont presque entière-

ment composées d'énormes accumulations de lave dont
les couches alternées atteignent jusqu'à plusieurs centaines de pieds. A Ustica, la présence de coquillages
marins dans les couches] atteste la récente émersion de
l'île. Des sources d'eau chaude jaillissent du flanc des
collines, et d'abondantes émanations gazeuses décom-
posent la roche des cratères.

M. Ch. Sainte-Claire Deville, dans une lettre adressée de Naples à M. Dumas, le 3 novembre 1855, décrit
ainsi les îles Éoliennes :

« Les trois principales de ces îles, Lipari, Vulcano,
Stromboli, offrent chacune un intérêt particulier. Ces
deux dernières surtout présentent au géologue les en-
seignements les plus précieux. Je me suis avancé dans
le cratère de Stromboli aussi loin qu'on peut le faire
sans témérité. Comme mes prédécesseurs en ce lieu,
Spallanzani, Poulett Scrope, j'ai été abandonné par
mes guides et j'ai dû m'aventurer seul ; mais j'ai été
pleinement récompensé. Du point que j'ai atteint, mes
regards plongeaient presque verticalement au-dessus
de la cheminée où Spallanzani a vu alternativement
monter et descendre la lave en fusion, et je distinguais,
à un petit nombre de mètres, la couche d'où s'élance,
toutes les dix minutes environ et avec un bruit qui, à
cette faible distance, a quelque chose de saisissant,
une colonne de vapeur entraînant avec elle, à une
grande hauteur, des pierres incandescentes qui retombent en partie dans la bouche elle-même, en partie
sur sa pente extérieure. Néanmoins les vapeurs qui
étaient repoussées par un vent de N.-O. ont gêné considérablement mes observations, et je ne saurais trop

recommander aux géologues de choisir, pour bien jouir de ce spectacle, un vent du sud.

« Vulcano est peut-être le point volcanique le plus curieux de la Méditerranée. Il présente un double intérêt ; c'est un des volcans de soulèvement les plus parfaits qu'on puisse voir ; au point de vue de la géologie chimique, c'est la plus belle solfatare qui existe... Il n'y a pas de spectacle plus saisissant que celui que présente la nuit le fond de cet immense entonnoir, d'où l'on voit s'élever, par un grand nombre de soupiraux situés au pied et sur toute la surface d'un monticule, la flamme bleuâtre du soufre en combustion. »

STROMBOLI

Le Stromboli, signalé par Homère, et qui sert encore aujourd'hui de phare aux navigateurs, est en pleine activité depuis les temps les plus reculés ; il jette continuellement des flammes, sans éruption proprement dite, quoique la nature du terrain montre qu'il y a été plus anciennement sujet. Le cratère, situé au sommet de l'île, est ébréché vers le nord, et sur le même côté les scories roulent à la mer par une pente très-inclinée. Les observations faites par les savants géologues qui, depuis Spallanzani, ont visité ce curieux volcan, en perpétuelle activité, jettent un grand jour sur le phénomène des éruptions, difficile à étudier dans les circonstances ordinaires. Le cratère du Stromboli est très-favorable à cette étude. Facilement accessible, et en toute saison, on y est en quelque sorte admis, dit

M. Poulett Scrope, « dans les arcanes du laboratoire de la nature, ouvert à un minutieux examen. »

Nous avons déjà cité la description de M. Ch. Sainte-Claire Deville. Celles de Spallanzani, de M. Poulett Scrope et du géologue allemand Frédéric Hoffmann, l'un des derniers explorateurs, en diffèrent peu. Elles montrent la lave sous la forme d'une masse luisante comme du métal fondu, brillant même en plein jour d'un vif éclat, et qui, de quart d'heure en quart d'heure, s'élève avec un mugissement sourd jusqu'au bord du cratère, s'ouvre avec fracas à son centre, en faisant trembler le sol, et vomit dans cette explosion une gerbe de lave incandescente et de scories enflammées.

De semblables apparences ont été observées dans les volcans de Masaya et de Bourbon, dans le cratère de Kilauéa à Hawaii, ainsi que dans ceux du Vésuve et de l'Etna. Lorsque l'éruption est permanente, il existe certainement, au-dessous des orifices, une masse de lave liquide en constante ébullition, qui fournit le prodigieux amas de matières rejeté durant des siècles, et qui doit être renouvelé par une cause encore inconnue, mais probablement analogue à celle qui unit entre eux, souvent, à de très grandes distances, les volcans de la même chaîne. C'est d'ailleurs en admettant de tels rapports, qu'on arrive à comprendre l'action des montagnes volcaniques, qui, ainsi que l'a très-bien dit Sénèque, ne fournissent pas l'aliment du feu, mais lui offrent seulement une issue.

Dans les volcans permanents, la force d'expansion souterraine produit, on le comprend, des effets plus

ou moins énergiques, suivant que le poids de l'atmosphère, principale force de répression, augmente ou
diminue. Aussi les habitants de Stromboli, pour la
plupart pêcheurs, sont-ils habitués à observer les phénomènes de leur volcan, pour mieux prévoir les variations atmosphériques. Pendant les bourrasques de l'hi-

Fig. 11. — Le Stromboli.

ver, les éruptions sont quelquefois très-violentes, ainsi
que nous avons pu le constater en passant alors près du
volcan. Ces éruptions déchirent les flancs du cratère,
au milieu d'explosions qui ébranlent toute l'île, et se
font entendre au loin. A Ternate, dans les Moluques,
et dans plusieurs autres régions volcaniques, on a observé la même coïncidence entre les éruptions et les
tempêtes.

III

ÉRUPTIONS DE L'HÉCLA ET DU KOTLUGAIA

L'aspect désolé de l'Islande est dû tout autant aux énormes amas de débris volcaniques qui en couvrent la surface qu'aux immenses glaciers qui descendent des montagnes stériles, et aux plaines marécageuses où peut-être s'élevaient les anciennes forêts dont les habitants montrent les débris. Un abaissement considérable de la température dans les régions boréales, que toutes les traditions s'accordent à nous montrer jadis plus peuplées et plus florissantes, n'est pas la seule cause des rudes conditions de l'existence dans cette île, au temps actuel. Depuis l'an 1000, on y a compté près de cinquante grandes éruptions, dont quelques-unes ont inondé de lave, de cendres, de scories, la surface du pays, et décimé la population.

Le mont Hécla, situé dans la partie sud de l'île, à

peu de distance du rivage, est surtout remarquable par
la fréquence de ses éruptions, qui ont souvent coïncidé
avec celles du Vésuve ou de l'Etna.

Le violent paroxysme de 1766 répandit sur toute la
contrée environnante une épaisse couche de débris. La
pluie de cendres s'étendit jusqu'à une distance de 240 kilomètres, et l'air en était si obscurci qu'on ne pouvait
distinguer les objets dans une grande partie de l'île.
Peu après, un torrent de lave déborda du cratère, et
fut bientôt suivi par une immense colonne d'eau jaillis-
sante, qui vint ajouter ses ravages à ceux de l'éruption
ignée.

En 1845, le sommet du volcan fut dispersé par les
explosions, et la montagne perdit 500 pieds de sa hauteur. Le courant de lave, dans cette dernière éruption, atteignit une distance de 15 kilomètres, son
épaisseur variant de 15 à 25 mètres. Quoique d'é-
normes coulées de lave aient ainsi couvert une
grande partie du sol de l'Islande, les pluies de cendres et de scories provenant des nombreux cratères
qui ont été en éruption depuis la période historique,
paraissent avoir surtout stérilisé la contrée, à laquelle
nulle autre région de l'Europe ne peut être comparée,
sous le rapport de l'activité volcanique. Dans ces hautes latitudes, chaque éruption amène aussi la fonte d'é-
normes amas de neiges et de glace, et il en résulte
« qu'une grande partie des formations de l'Islande
consiste en conglomérats, formés par la débâcle tumul-
tueuse de torrents se précipitant des points d'éruption
et entraînant des quantités des matières alluviales, dis-
persées confusément et en désordre dans les régions les

Fig. 12. — Le mont Hécla, en Islande.

plus basses, comblant certaines vallées et en creusant
d'autres.

« Durant l'éruption du Kotlugaia, en 1756, de prodigieux torrents d'eau, mêlés de glaces, de rochers et
de sable, provenant de la fonte des glaciers, se précipitèrent du sommet et formèrent trois promontoires parallèles, s'avançant à plusieurs lieues dans la mer et s'é-
levant bien au-dessus de son niveau, là où jadis on
mesurait 200 pieds de profondeur[1]. » Le cratère du
Kotlugaia est une immense fissure qui traverse la
montagne, fendue en deux pendant une éruption. Les
neiges, la glace et la fumée interdisent l'approche de
cet abîme, visible distinctement à une distance de 105
kilomètres.

Lyell cite le fait d'une couche de glace trouvée sous
la lave de l'Etna et préservée par une couche de sable
et de scories. La même disposition doit se présenter fréquemment en Islande, et on conçoit que la transmission
de la chaleur à ces glaciers, qui soutiennent des couches
de roches et de matières volcaniques, précipite sur les
pentes des torrents d'eau et de débris. Ces débâcles entraînent tout ce qui se rencontre sur leur passage. Des
forêts entières ont pu être ainsi ensevelies à la base des
volcans, et former les couches de bois fossile qu'on y
trouve souvent, et qui en Islande, comme nous l'avons
déjà dit, semblent indiquer le climat plus favorable
d'une ancienne période.

Dans une récente éruption du Kotlugaia, en mai 1860,
des torrents d'eau accompagnèrent encore une colonne

---

[1] Poulett Scrope, les Volcans.

de noires vapeurs et de scories enflammées qui s'éleva à une hauteur de plus de 7,000 mètres, et la fonte des glaces entraîna de nouveau d'énormes amas de roches qui furent charriés jusqu'à la mer.

« L'effet dévastateur de semblables déluges, dit M. Poulett Scrope, peut facilement se concevoir. Non-seulement ils entassent de vastes masses de conglomérat sur les plaines, mais encore déchirent et labourent la montagne de ravins profonds, strient et polissent les rocs les plus durs sous des torrents de glaçons et de pierres roulantes, et prolongent de plusieurs kilomètres les rivages de la mer. Si nous ajoutons les épaisses averses de scories et de cendres qui tombent continuellement, pendant des jours entiers, des hauteurs de l'atmosphère dans laquelle elles sont lancées du fond du volcan, et les torrents de lave incandescente qui, jaillissant des entrailles de la montagne, se précipitent avec les débâcles de glace et d'eau, et couvrent plusieurs kilomètres carrés de nappes de roche solide, il est clair qu'il n'est guère possible d'imaginer dans toutes les forces de la nature de plus puissants agents de changement superficiel. »

Ces agents, que nous voyons aujourd'hui à l'œuvre, ont puissamment contribué à la formation de la croûte du globe, aux époques où l'énergique effervescence des éléments augmentait à la fois le nombre et la grandeur des phénomènes. Au milieu des commotions, des bouleversements, des révolutions déterminées par les deux principes de l'eau et du feu, se préparait, dans un désordre apparent, le repos de la masse immense dont tous les matériaux proviennent de la prodigieuse lutte

Fig. 13. — Cratère de l'Hécla.

des forces primitives. Ces forces, encore agissantes, mais avec une moindre énergie et sur une moins vaste étendue, ne sont que la conséqueuce des lois qui ont présidé et qui président encore à l'organisation du monde matériel, du berceau de l'humanité.

DÉBORDEMENT DE LAVE

Parmi les phénomènes que l'intérieur de l'île présente à la curiosité des naturalistes, un des plus remarquables est la vallée de Thingvellir, formée par l'affaissement de la partie supérieure et centrale d'un immense débordement de lave, sorti du pied de la montagne de Hrafnabjorg, ou, suivant la chronique, du milieu de l'ancienne forêt de ce nom. Cet énorme affaissement a laissé de chaque côté de la vallée, dont la largeur est d'environ 4 milles sur 800 pieds de profondeur, un précipice à pic, une sorte d'abîme, qui mesure en hauteur jusqu'à 200 pieds. La plus imposante de ces gigantesques fissures, nommée l'Almannagia, règne dans une étendue de 2 à 3 lieues environ, et ressemble de loin à une immense fortification. En quelques points, les couches de laves inférieures se sont arc-boutées, comme pour résister à la pression des couches supérieures, et ont formé des voûtes semblables à celles de nos consructions. La rivière Oxeraa, qui descend en torrent dans les crevasses du plateau de l'Almannagia, appelé aussi *Montagne de la Loi*, réunit ses eaux dans un sombre et profond bassin bordé de roches écroulées, où jadis on précipitait les femmes condamnées à mort pour adultère.

La muraille volcanique du côté opposé, nommée Hrafnagaia, aussi étendue, mais moins profonde, fréquemment éboulée, ne donne pas une idée aussi nette de la prodigieuse catastrophe dont Thingvellir a été le théâtre.

Fig. 14. — Crevasses de l'Almannagia.

D'innombrables fissures découpent le fond de la vallée, et deux d'entre elles, qui se rejoignent, enferment un terrain ovale, une enceinte inabordable excepté par un étroit passage où l'ancien parlement scandinave de l'île, l'*Althing*, tenait chaque année, en juillet, ses grandes réunions, à une époque où l'Europe subissait encore

le despotisme du gouvernement féodal. Le président de
ces libres assemblées, nommé *Logmadr*, homme de la
loi, était élu à vie par le peuple. C'est dans ce lieu,
un des plus célèbres de l'Islande, que le christianisme
fut adopté, en l'an 1000, à la majorité des voix.

Un magnifique lac, dont l'eau transparente a les tein-

Fig. 15. — Lac de Thingvellir.

tes vives de l'émeraude, dort au fond de la plaine de
Thingvellir, revêtue dans la belle saison de gazon et
d'arbustes. Nous empruntons au très-intéressant récit
d'un voyage dans les mers du Nord[1] la description
suivante de ce site étrange et magnifique :

[1] *Lettres écrites des régions polaires*, par lord Dufferin, traduites
par F. de Lanoye.

« ... Des flots de lumière inondaient une des parois
perpendiculaires des rochers, pendant que l'autre était
laissée dans l'obscurité ; et, sur la rugueuse surface de
toutes les deux, on pouvait encore retrouver la corres-
pondance des saillies et des dépressions qui s'étaient
formées dans chacune d'elles au moment du retrait de
la masse ignée. Les traces de cette convulsion sont encore si inaltérées et paraissent si récentes, que j'aurais
pu croire qu'une des plus grandes et des plus violentes
opérations de la nature venait de se passer presque sous
mes yeux.

« Un trajet d'environ trente minutes nous amena sur
les bords du lac, glorieuse nappe d'eau de 15 milles de
longueur sur 8 de largeur, et occupant un bassin formé
par les mêmes montagnes qui ont sans doute arrêté les
progrès du torrent de lave.

«J'ai rarement été témoin d'une plus belle scène: sur
le premier plan gisent d'énormes masses de rocs et de
laves entassées comme les ruines d'un monde, et lavées par
des eaux aussi brillantes et aussi vertes que la malachite
polie. Au delà se groupent des montagnes lointaines, revêtues, par la transparence de l'atmosphère, de teintes
inconnues en Europe, étageant l'une au-dessus de l'autre leurs cimes dans le miroir d'argent étendu à leurs
pieds, tandis que de loin en loin, du sein de leurs flancs
pourprés, des colonnes de blanches vapeurs s'élèvent,
comme l'encens d'un autel, vers l'impassible azur du
ciel. »

ÉRUPTION DU SKAPTAR-JOKULL

Les volcans ou *jokulls*[1] de l'Islande sont situés sur deux lignes parallèles, traversant l'île du nord-est au sud-ouest, et laissant entre elles une profonde fissure qui a donné naissance aux immenses quantités de lave, dont l'Hécla, le Kotlugaia, le Sneifels, le Skaptar, etc., sont entourés.

En 1783, ce dernier volcan vomit deux énormes torrents qui s'étendirent à une distance de 65 à 80 kilomètres, sur une largeur de 12 à 24. La profondeur de la lave était, par endroit, de 150 mètres, et on a calculé que la masse déposée par cette seule émission, une des plus considérables qui soient connues, devait dépasser le volume du mont Blanc. La lave jaillit de diverses sources ouvertes au pied de Skaptar-Jokull, et placées dans la direction d'une fissure formée par la pression de bas en haut des matières ignées.

Sur le prolongement de cette ligne, à une distance de 30 milles, et pendant l'éruption, une île, qui a depuis disparu, sortit subitement de la mer.

Le Skaptar-Jokull s'élève sur un vaste espace inaccessible, désert de lave et de glace d'où est descendu le plus épouvantable fléau qui ait ravagé l'île.

« Cet événement eut lieu en 1783. L'hiver et les premiers jours du printemps avaient été d'une douceur

---

[1] Les Islandais donnent ce nom à toutes les hautes montagnes couvertes constamment de neige.

inaccoutumée. Vers la fin de mai, un léger brouillard bleuâtre commença à flotter autour de la ceinture vierge du Skaptar; son apparition fut accompagnée, dans le commencement de juin, par un fort tremblement de terre. Le 8 du même mois, d'immenses colonnes de fumée, réunies dans la partie nord de cette région montagneuse, se mirent en mouvement dans la direction du sud, marchant contre le vent, et enveloppèrent de ténèbres tout le district de Sida. Un tourbillon de cendres s'abattit alors sur la face de la contrée, et le 10, d'innombrables jets de flammes étaient vus jaillissant et serpentant au milieu des précipices glacés de la montagne, pendant que la rivière Skapta, une des plus larges de l'île, après avoir roulé dans la plaine un immense volume d'une fétide bouillie d'eau et de poussière volcanique, disparaissait tout à coup.

« Deux jours après, un courant de lave, issu de sources dont aucun pied mortel n'a foulé les abords, vint se précipiter dans le lit de la rivière desséchée, et en peu de temps, quoique ce chenal béant ne présentât pas moins de 600 pieds de profondeur sur 200 de large, le déluge de feu surmonta ses rives, traversa la basse contrée de Medalland, et roulant devant lui comme une nappe le sol tourbeux de la plaine, vint se jeter dans un grand lac dont les eaux vaporisées au contact de cette brûlante invasion, s'évanouirent en bouillonnant et en sifflant dans les airs.

« Ayant comblé entièrement, en peu de jours, le vaste bassin du lac, l'inépuisable torrent reprit sa marche; mais, divisé cette fois en deux courants, il alla avec l'un recouvrir d'anciens champs de lave; et, se rejetant avec l'autre dans le lit de la Skapta, il s'élança en cascades de feu du haut des cataractes de Stapafoss. Ce n'est pas tout : pendant qu'un fleuve de lave avait choisi la Skapta pour son lit, un autre, descendant dans une direction différente, ravageait les deux rives du Heversfisfliot, et se précipitait dans la plaine avec plus de fureur et de rapidité que le premier. Il est impossible de savoir si tous deux sortaient du même cratère, car le creuset d'où ils s'épanchèrent au loin était situé au cœur même d'un inaccessible désert, et on ne peut mesurer la puissance de cet épanchement de matières ignées qu'à partir du point où il atteignit les districts habités. On calcule que le courant qui combla la Skapta a environ 50 milles de long sur 12 à 15 dans sa plus grande largeur, et que celui qui suivit le cours du Haversfisfliot forme une zone de 50 milles sur 7. Là où elle fut emprisonnée entre les hautes berges de la Skapta, la couche de lave atteint 5 et 600 pieds d'épaisseur, et en conserve près d'une centaine dans la plaine même. L'éruption de poussière, de cendres, de ponces et de laves, continua jusqu'à la fin d'août, époque où ce drame plutonien se termina par un violent tremblement de terre [1]. »

Pendant une année entière, dit Arago, à la suite de cette éruption, l'atmosphère de l'Islande se trouva mêlée à des nuages de poussière que pénétraient à peine quelques rayons de soleil.

[1] Lettres de lord Dufferin.

« Le sol de l'Islande s'élève graduellement des côtes
vers le centre, où le niveau général est d'environ 600
mètres au-dessus de la surface de la mer. Sur ce plateau
central, comme sur un piédestal, se dressent les jokulls
ou montagnes de glace, qui s'étendent des deux côtés,
dans la direction du nord-est. Les volcans actifs de l'île
se rangent le long de cette chaîne, et les sources thermales suivent la même direction générale. Des cônes et
des cratères adossés à ces montagnes s'échappent d'é-
normes masses de vapeurs, que l'on entend, par intervalles, siffler et mugir ; et lorsque l'issue des vapeurs se
trouve à l'ouverture d'une caverne, la résonnance donne
souvent au son produit l'éclat du tonnerre. Plus bas,
dans les couches poreuses, ce sont des mares fumantes
de boue ; une pâte d'un bleu noir ; sans cesse en ébull-
lition, se soulève de temps en temps en bulles énormes
qui crèvent et lancent leur écume gluante à une hauteur de 5 à 6 mètres. Des voûtes et des fentes des
glaciers sortent de grandes masses d'eau, qui tombent
quelquefois en cascades sur des murs de glace, et s'étendent sur la contrée en nappes de plusieurs kilomètres,
avant de trouver une issue définitive. Il se forme ainsi
de vastes marais qui ajoutent leur désespérante mono-
tonie à la scène déjà si lugubre qui se déroule sous les
yeux du voyageur. Interceptée par les crevasses, une
partie de cette eau descend jusqu'aux roches brûlantes

Fig. 16. — Le grand Geyser.

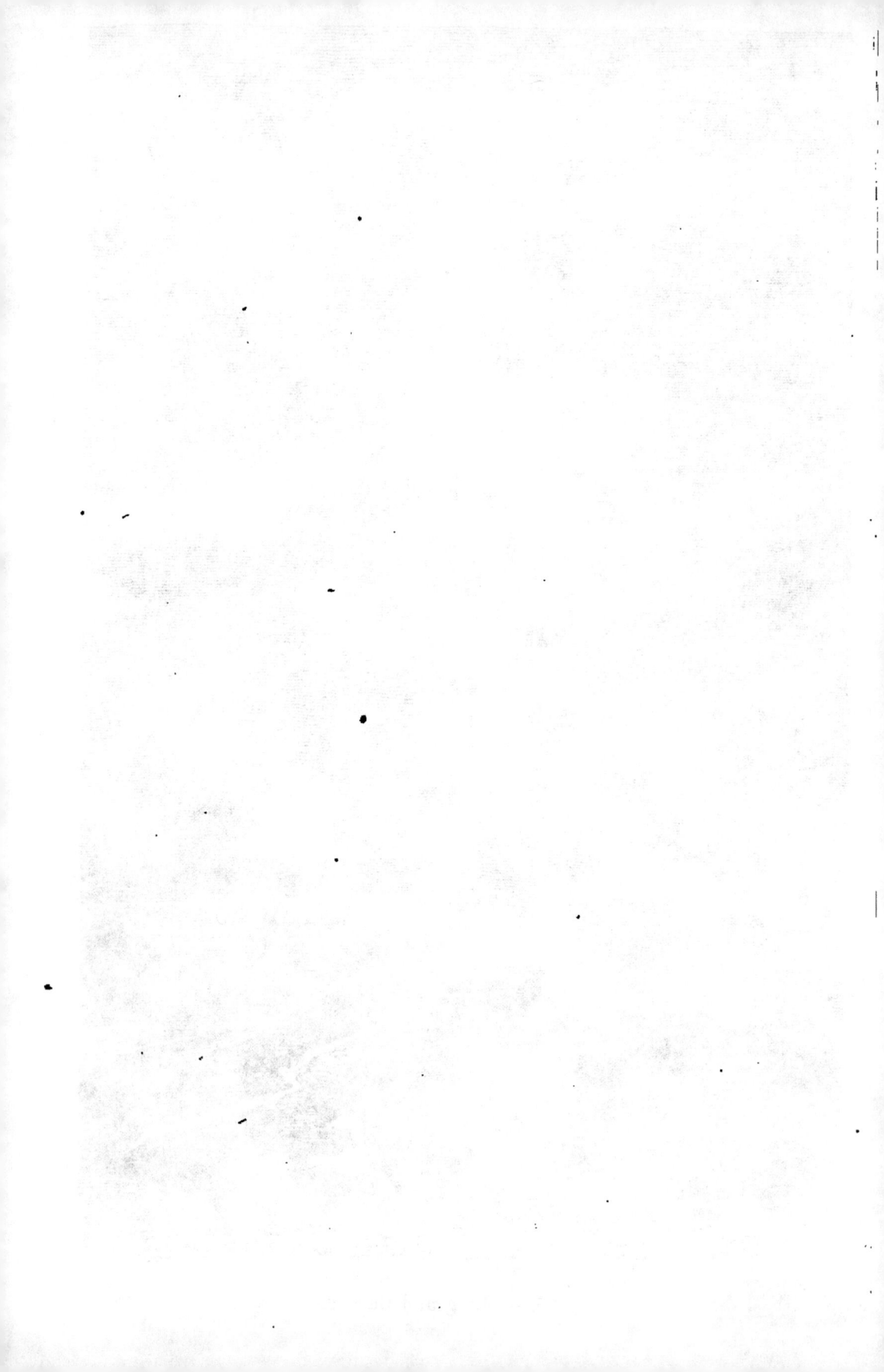

de l'intérieur du sol; et là, rencontrant les gaz volcaniques qui traversent en tous ces sens ces régions souterraines, elles cheminent avec eux pour s'échapper, à
la première occasion favorable, en jets de vapeur, ou
d'eau bouillante[1]. »

La plus fameuse de ces sources jaillissantes, située
au sud de l'île, est le grand Geyser (mot qui signifie
aussi *fureur* en idiome islandais). C'est un tube de
23 mètres de profondeur et de 5 mètres de diamètre,
surmonté d'un bassin qui mesure 16 mètres du nord
au sud, et 18 de l'est à l'ouest.

« L'éruption s'annonce par un frémissement du sol,
dans le sein duquel on dirait entendre de sourdes décharges d'artillerie. L'observateur ainsi prévenu a presque toujours le temps de s'approcher à quelque distance du bassin, et peut même se tenir sur la pente
légère que forme le cône, où il ressent alors de fortes
commotions chaque fois que la colonne de liquide veut
s'élever. On voit d'abord déborder les eaux, qui coulent
avec un bruit remarquable, dû, sans doute, à l'âpreté
des gradins qui revêtent le cône. Quelques instants
après se manifestent à la surface d'énormes bouillons
qui, après avoir atteint 2 à 3 pieds de hauteur, s'apai-
sent brusquement. Tout est rentré dans le calme. C'est
alors une fausse éruption qui peut se reproduire deux
ou trois fois de suite. Mais quand le phénomène doit
avoir lieu dans toute sa majesté, aux bouillons dont je
viens de parler succèdent des jets qui s'élèvent de plus

---

[1] *La chaleur considérée comme un mode du mouvement,* par John
Tyndall, traduit de l'anglais par l'abbé Moigno. Paris, 1864.

en plus jusqu'à la hauteur de 8 à 10 pieds environ. Puis, ainsi que dans nos feux d'artifice, où, à la suite de brillantes fusées, lorsque tout semble fini, le bouquet vient tout à coup plonger l'observateur dans l'admiration, de même le Geyser, après quelques instants de repos, semble réunir toutes ses forces, et par un

Fig. 17. — Bassin du grand Geyser.

dernier jet étale dans les airs une immense gerbe d'eau, dont l'épi le plus élevé m'a semblé atteindre ordinairement 100 pieds au moins de hauteur. Une masse énorme de vapeur blanche plane ensuite quelque temps au-dessus de cette scène imposante. Le Geyser, dont la fureur s'est tue brusquement, se remplit avec lenteur

et se met à couler de nouveau comme une simple
source[1]. »

Une couche siliceuse très-unie, très-dure, comparable au plus beau stuc, revêt l'intérieur du tube et du
bassin qui contiennent la source, dont l'incessant travail a créé ce merveilleux appareil. Le dépôt de silice

Fig. 18. — Le Strockur et les fontaines bouillantes.

qui se forme à l'entour du bord s'est lentement élevé,
rendant toujours plus profond le puits du Geyser, et
construisant le tertre au sommet duquel il jaillit. Ses

[1] *Voyage en Islande et au Groënland*, sur la corvette *la Recherche*,
commandée par M. Tréhouart, lieutenant de vaisseau, publié sous la
direction de M. Paul Gaimard. (*Minérologie et géologie*, par M. Eugène
Robert.)

eaux, claires comme le cristal, sont inodores et n'ont aucune saveur désagréable. Refroidies, on peut les boire avec plaisir.

Le Strockur, situé à une cinquantaine de pas environ du grand Geyser, fait constamment entendre un bouillonnement très-fort, ce qui lui a valu l'épithète de *Marmite du Diable*. On provoque ordinairement ses éruptions, en l'excitant par des mottes de terre ou de gazon qu'on y jette.

Les détonations et les explosions des geysers s'expliquent par la production de la vapeur dans les conduits qui alimentent le tube. On doit à M. Bunsen une belle théorie de ces éruptions, reproduite dans l'excellent ouvrage de M. Tyndall.

Les variations dans les élancements des geysers n'ont pas une période fixe. Lorsqu'ils jaillissent avec beaucoup de force, les Islandais s'attendent à un temps pluvieux et venteux.

Autour de ces principales sources, on compte jusqu'à cinquante fontaines bouillantes, éloignées au plus d'une demi-lieue, et qui probablement ont toutes la même origine. L'eau y est généralement claire, mais en traversant des veines d'ocre et de glaise blanchâtre, elle devient quelquefois rouge comme du sang ou prend la couleur du lait.

Les geysers du nord, comme ceux du sud, occupent le fond d'une grande vallée de déchirement. Le plus important jaillit à 4 mètres environ de hauteur ; il est situé entre deux autres qui fournissent une plus grande quantité d'eau, mais sans éruption, et qui prennent alors le nom de *laug* (bain).

« Quelques-uns de ces laugs d'Islande ont 12 mètres de profondeur. Leur beauté, d'après M. Bunsen, est indescriptible : une vapeur légère ondule à leur surface, l'eau est du plus pur azur et elle teinte de ses nuances délicieuses les incrustations fantastiques des parois, tandis qu'au fond on aperçoit souvent la bouche d'un ancien geyser. On trouve, en Islande, des traces nombreuses de geysers autrefois puissants, aujourd'hui éteints. On voit des tertres dont les puits sont remplis de décombres, parce que l'eau, se frayant de force un passage, s'en échappe pour aller porter ailleurs le théâtre de son action. Le geyser, en un mot, se montre à nous dans toutes les phases de son existence, sa jeunesse, son âge mûr, sa vieillesse et sa mort. Dans sa jeunesse, simple source thermale ; dans son âge mûr, colonne éruptive; dans sa vieillesse, *laug* tranquille ; sa mort, enfin, est comme enregistrée par le puits en ruine et le tertre, qui témoignent de son activité d'autrefois [1]. »

CURIOSITÉS NATURELLES

L'Islande, qu'on a pu très-justement nommer « la reine des îles volcaniques, » renferme un nombre infini de curiosités naturelles produites par la double action de ses volcans et des immenses glaciers qui en couronnent la cime.

En certaines régions, le paysage présente l'aspect le

[1] Tyndall, *la Chaleur*.

plus étrange et le plus merveilleux. Les brouillards, si fréquents dans ces parages, ont souvent une teinte roussâtre, et M. E. Robert, dans sa pittoresque relation, dit qu'on peut alors les prendre pour une pluie de cendres volcaniques. L'action violente des vents produit aussi de remarquables effets.

« Pendant la sécheresse, des trombes magnifiques et d'immenses nuages de poussière rougeâtre sont tenus en suspension à une grande hauteur dans l'atmosphère. Ils y demeurent quelquefois longtemps après que le calme est revenu sur la terre, et sont transportés à de grandes distances en mer. Ces nuages ternissent en passant la partie inférieure de la neige qui revêt les montagnes, et, dans ces moments-là, on pourrait se croire au milieu d'une éruption volcanique. Ce phénomène, remarquable et rare, s'appelle *mistur* en Islande [1]. »

Si l'atmosphère offre ainsi de singuliers rapports avec les phénomènes volcaniques, le sol entier de l'île garde les plus frappantes traces de l'action des feux souterrains. Les montagnes d'Ésia, situées près de Reykiavick, capitale de l'Islande, paraissent de loin couvertes d'une végétation florissante. Leurs flancs escarpés, très-arides, doivent cette apparence à la belle teinte verte des roches qui composent la majeure partie de la chaîne, dont les couches supérieures présentent une grande variété de couleurs. La montagne d'Husaell, dans la vallée de Reikolt, près de Thingvellir, a des cimes violettes. Sur la côte, au pied des montagnes

[1] *Voyage de* la Recherche.

neigeuses, s'étendent des plages noires ou rouges comme du sang, suivant la nature des sables. Les eaux des fiords bordés de hautes falaises basaltiques, ont aussi quelquefois une teinte rougeâtre provenant de la décomposition des roches ou de la teinte des coulées sous-marines transmises à travers le prisme des eaux.

Fig. 19. — Marche à travers les laves.

Des glaces flottantes, transportées par les courants polaires, viennent souvent s'échouer dans ses fiords, et y répandent la fraîcheur de leurs belles teintes bleues, rehaussées par le vert éclatant de la mer qui les baigne.

Les glaciers, comme d'immenses diamants enchâssés dans la lave, éclairent les profondes vallées qui entou-

rent les volcans, dont les flancs noirs montrent des
lignes brillantes et sinueuses tracées par l'écume des
torrents. C'est près d'un de ces torrents, le Silfurdœkir
(ruisseau d'argent), que se trouve le plus grand gise-
ment de spath d'Islande. Cette belle masse cristalline,
transparente et pure, blanche comme la nacre, y forme
un épais filon au milieu duquel le torrent a creusé
son lit.

Pendant les jours d'été, la pureté de l'air, la limpi-
dité de la lumière ajoutent à l'étrange beauté de ces
contrastes de formes et de couleurs, qui produisent
alors de magnifiques tableaux et transforment l'Islande
en une contrée féerique. Mais dans les jours sombres,
si nombreux, tout autre est l'aspect de cette « pauvre
et poétique terre, assise entre les glaces du pôle et le
feu de l'abîme. »

Lord Dufferin décrit ainsi un de ces mornes paysa-
ges. « Une lourde et basse couche de nuages gris de fer
recouvrait presque entièrement la voûte céleste, laissant
toutefois à l'extrémité de l'horizon une large bande
d'opale qui permettait à l'œil de plonger dans l'espace.
A l'opposé s'élevaient les flancs contournés des montagnes de lave, dont les pics glacés, heurtant ce ciel de
fer, se perdaient dans une obscurité profonde qui revê-
tait des teintes encore plus lugubres là où les rouges
escarpements des rochers contrastaient avec les ombres
étendues sur toute cette scène désolée. Si dans le domaine de la nature il existe une seconde région semblable, ce ne peut être que dans ces effrayantes solitu-
des que la science nous laisse entrevoir au milieu des
montagnes de la lune. »

FORMATION DE L'ISLANDE PAR LES ÉRUPTIONS VOLCANIQUES

M. Poulett Scrope pense que l'Islande a été formée par les éruptions d'un même volcan. Un savant observateur, von Troil, qui visita l'île en 1783, attribuait

Fig. 20. — Ruines de Dverghamrar.

aussi sa formation à des éruptions volcaniques successives, dont les produits s'étaient lentement accumulés. M. E. Robert croit qu'il y eut d'abord, comme base, un archipel de roches primordiales, mais que le relief géologique actuel est dû, en effet, à un très-grand nombre

6

d'éruptions. Il croit, en outre, que ces éruptions, pendant lesquelles ont été vomies des masses énormes de
matière ignée, ont pu creuser un grand vide au-dessous
de la partie centrale de l'Islande, qui se serait affaissée
dans une catastrophe semblable à celles observées dans
les Andes et à l'île de Java, où, comme nous le verrons
plus loin, de gigantesques dômes volcaniques ont soudainement disparu dans les entrailles de la terre.

En admettant un tel affaissement, on explique l'inclinaison rayonnante des vieux terrains de l'Islande autour des centres d'éruption, inclinaison qui est la première cause du singulier aspect qu'offrent généralement
les côtes. Toutes les montagnes qui appartiennent à
l'ancien système de l'île sont aussi inclinées vers les
grands volcans.

Une partie considérable des terrains volcaniques de
l'Islande consiste en couches de basalte, qui ont formé
des colonnades dont un certain nombre présentent un
aspect monumental. On cite principalement les ruines
de Dverghamrar, où, des deux côtés d'un grand cirque,
se dressent des files de colonnes verticales recouvertes
par d'autres colonnes plus petites et diversement con-
tournées.

Les Islandais mettent à profit les enceintes naturelles
créées par les laves pour y enfermer leurs troupeaux.
Dans certaines régions, des quantités prodigieuses de
petits cratères, qui ont de 20 à 50 pieds de hauteur,
et qui sont probablement le résultat du contact de la
lave avec les eaux, servent aussi de bergeries au moyen
d'ouvertures situées à la base, le sommet étant d'ailleurs à peine crevé. Près de Raudholar, quelques-uns

'de ces cratères, entièrement ouverts, renferment des jardins, abrités de tous les vents.

Fig. 21. — Cratères servant de bergeries.

Des cavernes ont été quelquefois formées par la lave, qui, préservée par la croûte solide déjà existante à l'ex-

Fig. 22. — Caverne de Surtschellir.

térieur de la couche, circulait dans une sorte de canal intérieur, en conservant une fluidité qui lui permettait de s'épancher au loin. L'immense caverne de Surtschel-

lir, provenant d'un semblable écroulement, est une
des plus remarquables de ces grandes veines volcaniques. « Ses parois sont tapissées de stalactites de lave.
Vers le milieu du canal, sous une espèce de dôme, on
est arrêté par une masse éblouissante ; c'est de la neige
qui s'est accumulée là, après avoir pénétré dans cette
enceinte, éclairée par un jour mystérieux, au moyen
d'une petite ouverture que le temps a pratiquée dans
le toit de la voûte. Au moment où nous visitions cette
vaste glacière naturelle, un rayon de soleil venant à
pénétrer obliquement par ce passage, fit pâlir les flambeaux dont nous étions tous pourvus, et rendit cet intérieur encore plus ténébreux. Tout à fait à l'extrémité
accessible du canal, qui va un peu en plongeant, on
pénètre dans une galerie d'une magnificence féerique,
tapissée partout du cristal le plus pur où la lumière de
nos torches se reflétait de mille manières. Le plafond
était couvert de paillettes brillantes ; et à droite, sur le
côté, on remarquait des jeux d'orgue ou de très-belles
stalactites et stalagmites de glace [1]. »

Des montagnes coniques, composées d'un grand nombre de couches de diverses natures, ont pris parfois une
forme exactement pyramidale, résultant d'une lente
dégradation des terrains volcaniques. La montagne
Tungu-Kollur, où la neige s'est arrêtée sur les assises
des couches disposées en gradins, ressemble ainsi, mais
dans des proportions gigantesques, aux pyramides
d'Égypte.

Les profondes dégradations que subit depuis des

_____

[1] *Voyage de* la Recherche.

milliers d'années le sol fragile de l'Islande, la décomposition par les agents atmosphériques des cendres et
des scories, tendent à niveler les aspérités des roches
volcaniques et à reconstituer les terres fertiles, les pâturages anéantis par une longue série d'éruptions. Les

Fig. 23. — Arche naturelle en Islande.

éboulements des hautes falaises qui bordent les golfes
accumulent aussi des débris, que le temps nivelle et
transforme en dunes de sable. Ces dunes ne cessent pas
de s'étendre, l'action de la mer devenant toujours
moindre, probablement par suite d'un exhaussement
lent des côtes, phénomène observé déjà en Scandinavie,
au Spitzberg, dans la Laponie et au Kamtchatka.

COULÉES DE LAVE

Les fiords d'Irlande, semblables à ceux qui dentè-
lent les côtes granitiques de l'Écosse et de la Norwége,

ont été formés par d'énormes coulées de lave que l'action des forces souterraines a soulevées et fendues. Ces immenses crevasses, qui élèvent leurs couches puissantes à de très-grandes hauteurs au-dessus de la mer, offrent, par suite des éboulements et des dégradations de la roche, l'aspect de murailles crénelées, de grandes pyramides, de monuments et de ruines. Au sud de l'île, les colonnades basaltiques, les cavernes et les arches naturelles de Stapi rappellent les plus curieuses formations de l'Irlande et la belle grotte d'Antrim dans les Orcades. Cette couche de basalte, située à la base du Snæfells-Jokull, supporte une montagne, appelée Kambell, qui ressemble à une immense cathédrale gothique. D'autres roches ont l'apparence de murs cyclopéens, de cirques, de tours féodales, de sphinx, et annoncent d'avance au navigateur tout ce que l'île renferme d'étrange et de merveilleux.

Dans son remarquable ouvrage sur l'Islande [1], M. Krug de Nidda donne une pittoresque description des fiords : « Ces golfes, qui n'ont souvent qu'un demi-mille de largeur, s'étendent jusqu'à 5 ou 6 milles de longueur dans les montagnes, où ils sont entourés de tous côtés de rochers à pic, qui s'élèvent à une hauteur considérable. La moitié supérieure de ces gigantesques murailles, couvertes de neiges éternelles, reste cachée dans d'épais nuages : là plus de trace de vie, tout est mort et solitude ; aucun homme, rien d'humain au milieu de ces masses entassées par la nature ; pas de forêts, pas d'arbres, des roches nues et en général trop

[1] *Description géognostique.*

escarpées pour donner prise à la végétation la plus humble ; pas d'autre bruit que le brisement de la mer répété par les échos ; pas d'autre mouvement que celui des torrents alimentés par les neiges et qui sillonnent les flancs des rochers comme des rubans argentés. »

« J'ajouterai, pour ma part, dit M. E. Robert après avoir reproduit ce fragment, que vers l'heure de minuit, à l'époque de l'année où le soleil est toujours au-dessus de l'horizon dans les contrées septentrionales, et lorsque l'atmosphère est d'une pureté et d'un calme parfaits, il règne au fond des mêmes fiords un jour mystérieux, indéfinissable, que je n'ai vu nulle part ailleurs qu'en Islande : on dirait alors autant de sanctuaires où la nature se repose. »

IV

VOLCANS DE L'ATLANTIQUE

ILE DE JAN-MAYEN — L'ESK ET LE BEERENBERG

Les principaux volcans de l'Atlantique sont situés sur une direction à peu près parallèle aux côtes d'Europe et d'Afrique, ainsi qu'on peut le voir en traçant une ligne passant par l'île de Jan-Mayen, l'Islande, Féroë, les îles occidentales de l'Écosse, le nord de l'Irlande, les Açores, Madère, les Canaries, les îles du Cap-Vert, l'Ascension, Sainte-Hélène et Tristan-d'Acunha.

Nous ne pouvons ici qu'indiquer rapidement les plus remarquables phénomènes relatifs à ces volcans, qui surgissent des profondeurs de l'Atlantique, et qui, souvent visités par les navigateurs, sont connus par de nombreuses descriptions et par les éruptions dont quelques-uns d'entre eux ont été récemment le théâtre.

Les côtes du Groënland ne présentent aucun volcan en activité ; elles offrent souvent à l'observation des couches massives de basalte et d'autres formations volcaniques. On sait que la partie occidentale du Groënland a changé de niveau et continue à s'affaisser. Les ruines d'anciens édifices, aujourd'hui couverts par la mer, permettent de constater cet affaissement.

Fig. 24. — Grotte de Fingal à Staffa.

L'île de Jan-Mayen est située au 71° de latitude nord. dans le prolongement de la chaîne volcanique de l'Islande. Elle renferme un volcan haut de 1,500 pieds, découvert et visité par Scoresby en 1817, et nommé par lui l'Esk, nom du bâtiment commandé par ce vaillant explorateur. Au sud-ouest de l'Esk s'élève un autre volcan découvert aussi dans la même expédition, et qui, à partir du mois d'avril 1818, a rejeté de grandes quantités de cendres, pendant que des jets de fumée s'élevaient du cratère de l'Esk.

Le Beerenberg, situé dans la partie nord-est de l'île et dont la cime, haute de 6,648 pieds, n'a pu être atteinte, est probablement aussi un ancien volcan.

Fig. 25. — Intérieur de la grotte de Fingal.

FORMATIONS VOLCANIQUES DE LA MER DU NORD

Nous avons déjà décrit les volcans de l'Islande. Nous jetterons maintenant un coup d'œil sur les anciens

foyers d'action volcanique qui appartiennent aux autres
îles de la mer du Nord. La plupart de ces centres
d'éruption sont entourés d'amas de cendres et de
scories, de larges courants de lave répandus en plates-
formes basaltiques semblables à celles des îles Féroë,
où les anciens plaçaient le pays de *Thulé*, qu'ils regar-
daient comme la limite de la terre.

Le centre de l'Écosse montre les traces d'un grand
nombre de petits volcans qui paraissent n'avoir produit
que des monticules de cendres, tandis que dans la partie ouest de l'île d'énormes collines, auxquelles le
paysage doit son caractère particulier, ont été formées
par l'accumulation d'épaisses couches de lave.

Nous mentionnerons, à cause de la tradition qui
s'y rattache, le monticule volcanique situé dans la
plaine d'Édimbourg, et connu sous le nom de *Trône
d'Artur* (*Arthur's Seat*), en mémoire du héros qui
fut le soutien des dernières races celtiques et le roi
légendaire de la chevalerie chrétienne.

Sur la côte ouest de l'Écosse, le groupe des Hébrides
renferme l'île basaltique de Staffa, célèbre par la magnifique colonnade qui forme la grotte de Fingal. l'Irlande est aussi depuis longtemps citée pour ses immenses et pittoresques chaussées basaltiques, dont la plus
remarquable, souvent décrite, est située au bord de la
mer, dans le comté d'Antrim. De grandes nappes de
lave, d'épaisses couches de cendres et de scories solidifiées forment, dans la partie nord des îles Britanniques,
les chaînes de collines les plus élevées. On sait, d'ailleurs, que d'un bout à l'autre de son territoire, l'Angleterre n'est pour ainsi dire qu'une immense couche mi-

Fig. 26. -- Pic de Ian-Mayen.

nérale produite par l'action plutonique, et que ses prodigieuses mines de houille et de fer ont été les sources
premières de sa puissance industrielle.

VOLCANS DES AÇORES ET DES CANARIES

Les vastes formations volcaniques des côtes d'Espagne
et de Portugal appartiennent, comme celles que nous

Fig. 27. — Grotte d'Antrim.

venons de décrire, à des périodes très-anciennes, et
nous ne nous y arrêterons pas en poursuivant notre
route vers les régions de l'Atlantique où des volcans sont
encore en activité.

La plus grande des Açores, San Miguel, est remarquable par un très-grand nombre de cônes de cendres, qui
forment une chaîne volcanique centrale traversant l'île
de l'est à l'ouest. Un des cratères d'où se sont écoulés le

trachyte et le basalte, qui s'étendent dans toutes les directions, a 24 kilomètres de circonférence. L'apparition de la petite île de Sabrina, à peu de distance de la côte, est le seul phénomène volcanique dont San Miguel ait été le théâtre depuis les temps historiques. Nous parlerons plus loin des éruptions qui ont accompagné ce soulèvement.

Les îles de Pico et de San Jorge, appartenant au même archipel, renferment des volcans dont les dernières éruptions se sont déclarées en 1718 et 1812.

Madère, où tout indique la continuité de l'action volcanique pendant une longue période, est l'île principale du groupe, qui paraît s'être élevé du fond de l'Atlantique sous l'influence de cette puissante action.

Nous arrivons aux Canaries, où nous nous arrêterons pour d'écrire l'île de Ténériffe, grande montagne volcanique dont le cône principal ou *Pic* s'élève jusqu'à une hauteur de 4,500 mètres au-dessus de la mer.

Dans le même archipel, Palma et la grande Canarie contiennent d'énormes cratères entourés de remparts à pic laissant voir les couches successives de roches volcaniques et de conglomérats. Fuertaventura et Lancerote sont entièrement volcaniques et criblées d'orifices qui ont livré passage à des déluges de lave. A Lancerote, ces orifices datent presque tous des éruptions qui, de 1730 à 1736, ont ouvert dans toute la longueur de l'île une profonde fissure.

PIC DE TÉNÉRIFFE — ÉRUPTIONS DE 1704 ET DE 1798

Le grand cratère du volcan de Ténériffe forme un vaste cirque ovale, au centre duquel s'élèvent le Pic et deux autres cônes nommés Chahorra et Montana Blanca. Sur le sommet du Pic, couvert de neige la plus grande partie de l'année, s'ouvre le cratère encore fumant nommé la Caldera (*chaudière*), dont les bords sont formés de roches abruptes sur lesquelles on trouve, en descendant vers l'orifice, de beaux cristaux de soufre en aiguilles. C'est en 1704 qu'eurent lieu la dernière éruption mémorable de ce volcan et la destruction de la petite ville de Guarrachico, déjà dévastée, en 1645, par une terrible inondation due à des pluies torrentielles.

« Guarrachico était une ville agréable, entourée de champs fertiles et de riches vignobles : elle avait, en outre, un port très-bon et des plus commodes. Dans la nuit du 5 mai 1704, on entendit sous terre un bruit semblable à celui de l'orage, et la mer se retira. Quand le jour vint éclairer le phénomène qui épouvantait les malheureux habitants, on aperçut le Pic couvert d'une vapeur rouge effroyable. L'air était embrasé, une odeur de soufre suffoquait les animaux épouvantés, qui poussaient des gémissements lamentables ou des bêlements plaintifs. Les eaux étaient couvertes d'une vapeur semblable à celle qu'exhalent des chaudières bouillantes : tout à coup la terre s'ébranle et s'entr'ouvre ; des torrents

7

de lave échappés du cratère de Teyde[1] se précipitent
dans les plaines du Nord-Ouest. La ville, moitié englou-
tie dans les fentes du sol, moitié recouverte par les
laves vomies, disparaît en entier. La mer, rentrant bientôt dans son lit, inonde les débris du port qui s'est affaissé ; des vaguas et des monceaux de cendres occupent
la place du Guarrachico, et l'on retrouve aujourd'hui les
restes des maisons parmi des fragments de lave.

« Les habitants tâchèrent de se sauver par une prompte
fuite, mais la plupart firent des tentatives inutiles : les uns
furent engloutis dans des fentes qui, en se comblant, les
enterraient tout vivants ; d'autres, étouffés par les vapeurs sulfureuses, tombaient asphyxiés au milieu de
leur course chancelante. Une grande partie de ces infor-
tunés avaient cependant échappé à tant de périls, et, se
voyant loin de leurs toits embrasés, se berçaient de l'espoir d'échapper à la mort, quand ils furent presque
tous écrasés par une grêle de pierres énormes, dernier
effet de la fureur du Pic, qui, après avoir lancé ces innombrables rochers, s'apaisa en grondant[2]. »

Après ce bouleversement, les Canaries, pendant plus
d'un siècle, n'éprouvèrent aucun nouveau désastre produit par les feux souterrains. Mais, dans la nuit du 8
au 9 juin 1798, un bruit épouvantable se fit entendre à
Ténériffe, suivi de fortes secousses qui précédèrent une
violente secousse du Chahorra.

On voit à Ténériffe, comme aux îles Lipari, en Islande,
dans les Andes et autres centres d'éruption, des ruisseaux

[1] Nom donné au pic par les habitants des Canaries
[2] *Les Iles Fortunées,* par Bory de Saint-Vinc

Fig. 28. — Le Pic de Ténériffe.

de lave ayant l'apparence du verre. Ces coulées vitreuses sont souvent composées d'*obsidienne*, roche volcanique dont les couleurs varient depuis le noir et le vert jusqu'au rouge et au jaune. On travaille l'obsidienne pour en faire des miroirs, des objets d'ornement. Les Grecs la taillaient en pointes de flèches. Les Mexicains l'employaient au même usage et en faisaient des armes tranchantes. Les premiers habitants des Canaries, les Guanches, fabriquaient aussi des instruments avec les pierres volcaniques, et en armaient l'extrémité de leurs piques, de leurs massues et de leurs javelots.

LES HESPÉRIDES

Les Canaries étaient connues des anciens sous le nom d'îles Fortunées, qui leur fut sans doute donné par les premiers navigateurs pour la beauté de leur climat et la fécondité de leur sol. Après ces îles, « on ne voyait plus que le lieu où finit le jour et où la voûte du ciel s'appuie sur le globe. » Les poëtes y plaçaient le séjour des âmes bienheureuses, et dans l'*Odyssée* le dieu marin Protée dit à Ménélas : « Les immortels t'enverront dans des champs Élyséens, à l'extrémité du monde, où le sage Rhadamanthe donne des lois, où les hommes passent une vie douce et tranquille ; où l'on ne trouve ni les neiges, ni les frimas de l'hiver, mais où l'air est toujours rafraîchi par les douces haleines des zéphyrs que l'Océan y envoie. » Suivant Hésiode, Jupiter place l'âme des héros « aux confins de la terre, par delà l'Océan aux gouffres profonds, dans les îles Fortunées, où trois fois par an le sol fécond leur prodigue des fruits brillants et doux comme le miel. »

Les anciens poëmes nous dépeignent aussi « l'énorme Atlas au milieu de l'Océan, devant les Hespérides, soutenant le vaste ciel. Sa cime neigeuse couronnée de pins, battue par les vents, est sans cesse environnée de nuages obscurs et brille la nuit des feux qui s'en échappent. »

A Ténériffe comme à Madère, comme sur les pentes du Vésuve et de l'Etna, la vigne croît à côté des palmiers et donne d'excellents produits. Dans leur *Histoire naturelle des îles Canaries*, MM. Barker Webb et Berthelot décrivent ainsi le paysage qui s'offre au voyageur dans une des parties de l'île toute plantée de vignes de Malvoisie : « ... Maintenant les obstacles se multiplient : nous marchons sur une ancienne contrée ; le sol est raboteux, rempli de creux et d'aspérités ; mais les plantes croissent avec vigueur dans ces champs où jadis l'éruption promena l'incendie ; les fruits plus savoureux y sont toujours printaniers. Nous voici sur la grotte d'Icod, ténébreuse caverne qui mine tout le vallon. Cependant les berges s'élargissent, la mer étend au loin son horizon ; nous traversons le pont de bois qu'on a jeté sur le ravin, et bientôt, en tournant le contre-fort de la Vega, Guarrachico va nous montrer ses plages brûlées. Le flot se brise contre les falaises du Guincho, un torrent se précipite du haut des rochers et rejaillit en bruyante cascade à quelques pas du rivage, près d'un groupe de bananiers. Rien n'a pu arrêter l'audacieux vigneron ; les cultures garnissent tout le massif qui borde la côte, et les pampres verts couvrent la montagne depuis la base jusqu'au sommet. »

ILES DU CAP-VERT — L'ASCENSION — SAINTE-HÉLÈNE

Avant de continuer notre excursion à travers l'Atlantique, nous mentionnerons comme un fait remarquable la rareté des volcans actifs sur le littoral de l'Afrique. Les îles volcaniques d'Annobon, de Saint-Thomas, des Princes et de Fernando-Po sont cependant situées, suivant Humboldt, sur une ligne dirigée vers la chaîne des monts Cameroun, dans laquelle une éruption de lave a été observée, en 1838, sur le volcan Mongo-ma-Leba.

Les îles du Cap-Vert paraissent toutes d'origine volcanique. Le *pic de Fuego*, aujourd'hui encore en activité, s'élève à une hauteur de 2,600 mètres; ses dernières éruptions datent de 1785 et 1799. De vastes cratères, de hautes falaises composées de couches basaltiques, des cônes de scories, des courants de lave attestent l'ancienne action volcanique dans les autres parties de cet archipel. Le pic de Fuego, comme le Stromboli, a lancé des flammes sans interruption de 1680 à 1713.

L'Ascension et Sainte-Hélène, entièrement volcaniques, sont couvertes de masses de lave et de débris lancés dans les dernières éruptions. Parmi les débris, l'Ascension présente, autour d'un vaste cratère béant, une grande quantité de *bombes volcaniques* qui n'ont pas moins de 10 pouces de diamètre. Ces bombes sont produites par le mouvement de rotation imprimé à quelques-unes des parties liquides de la lave lancées en l'air par les cratères. Dans la dernière éruption du Kotlugaia, en 1860, « un jet de boules de feu ou bombes volcaniques s'éleva la nuit à une hauteur de 7,200 mètres au moins, puisqu'on la vit à 288 kilomètres en mer. On entendit éclater plusieurs de ces bombes à 160 kilomètres de distance. Il faut donc que la surface de la masse globulaire de lave liquide se consolide à mesure qu'elle s'élève avec un mouvement rotatoire ; il est très-probable que l'expansion des gaz arrivant dans l'atmosphère raréfiée à une très-grande hauteur, est la cause principale de ces violentes explosions. » (Poulett Scrope.)

Suivant Darwin (*Volcanic Islands*), Sainte-Hélène est formée par un vaste cirque dont les remparts basaltiques tracent autour de l'île une enceinte de noires falaises d'une hauteur perpendiculaire de 30 à 600 mètres. Ce cirque est le dernier vestige d'un énorme volcan, presque entièrement comblé par les éruptions d'un volcan plus moderne dont le cratère forme un précipice creusé à pic dans la chaîne centrale de l'île.

A Tristan-d'Acunha, au milieu d'un groupe de petites îles volcaniques; on retrouve aussi le cratère d'un volcan qui s'est élevé dans le cratère d'un volcan beaucoup plus ancien.

Parmi les îles volcaniques situées dans l'océan Atlantique austral, nous citerons celle de la Déception, que l'on a vue, au mois de février 1842, vomir des flammes sur treize points différents disposés en cercle, et les îles d'Amsterdam et de Saint-Paul, contenant toutes deux des cratères en activité.

RÉGION VOLCANIQUE SOUS-MARINE

Dans une très-intéressante communication à l'Académie des sciences[1], M. Daussy a, le premier, appelé

Fig. 29. — Ile Julia.

l'attention sur l'existence probable d'un volcan sous-marin en un point de l'océan Atlantique situé au sud de l'équateur, où les navigateurs ont souvent observé d'étranges phénomènes :

[1] *Comptes rendus*, t. VI. 1858.

« On a plusieurs exemples de soulèvements qui ont fait apparaître à la surface des eaux des îles dont l'existence n'a été que momentanée, et qui ont disparu ensuite ; telles sont : l'île Julia, dans la Méditerranée, et celles qui surgirent dans les Açores, en 1720 et en 1811.

« L'examen attentif de toutes les indications fournies par les navigateurs m'a porté à croire qu'un semblable phénomène aurait bien pu se produire à quelques milles au sud de l'équateur et vers les vingtième ou vingt-deuxième degrés de longitude occidentale, ou du moins que les secousses éprouvées par différents bâtiments dans ces parages pourraient indiquer l'existence, en cet endroit, d'un volcan ébranlant de temps en temps le sol qui le contient.

« On sait que les tremblements de terre qui se font ressentir en mer produisent sur les bâtiments un effet semblable à un choc contre des rochers ou contre le fond. Ainsi, dans celui qui eut lieu en 1835 sur la côte du Chili, et qui s'est étendu sur un espace de plus de 15° du nord au sud, et de 10° de l'est à l'ouest, des bâtiments sous voiles ou à l'ancre ressentirent des secousses comme s'ils avaient passé en touchant sur des rochers. Il est donc probable que lorsqu'un bâtiment éprouve une secousse semblable dans un endroit où la profondeur ne permet pas de croire qu'il ait touché, cela peut être attribué à l'effet d'une action de ce genre : or, différentes remarques de secousses plus ou moins fortes ont été faites aux environs du point signalé plus haut, qui se trouve presque à moitié distance entre la côte occidentale d'Afrique et la côte orientale de l'Amérique du Sud, dans la partie où elles sont rapprochées l'une de l'autre, c'est-à-dire entre le cap des Palmes et le cap Saint-Roque. »

VOLCANS DES ANTILLES — ÉRUPTION DU MORNE-GAROU

Depuis le détroit de Davis jusqu'au détroit de Magel-

Fig. 50. — Éruption sous-marine observée dans l'Atlantique.

lan, dans toute l'étendue des côtes orientales de l'Atlantique, on ne trouve presque aucune trace volcanique, si ce n'est dans l'archipel des Antilles, où de violentes éruptions, des tremblements de terre, des sources bouillantes, des solfatares montrent l'énergie des feux souterrains.

Parmi les volcans encore actifs, celui de l'île Saint-Vincent, nommé le *Morne-Garou*, après être resté longtemps à l'état de solfatare, a eu deux grandes éruptions, en 1718 et en 1812. Humboldt indique, au sujet de cette dernière éruption, de frappantes coïncidences :

« Les premiers ébranlements commencèrent près du cratère, dès le mois de mai 1811, trois mois après que l'île Sabrina eut été soulevée du fond de la mer, au milieu des Açores. Les premières secousses se firent sentir faiblement au mois de décembre de la même année, dans la vallée montagneuse de Caracas, à 3,280 pieds au-dessus de la mer. La destruction complète de cette grande ville eut lieu le 26 mars 1812. De même que l'on attribue avec raison le tremblement de terre qui a détruit Cumana, le 14 décembre 1796, à l'éruption du volcan de la Guadeloupe (fin septembre 1796), la destruction de Caracas paraît avoir été produite par la réaction d'un volcan situé aussi dans les Antilles, mais plus au sud du volcan de l'île Saint-Vincent. Le 30 avril 1812, on entendit dans les vastes prairies (*llanos*) de Calabozo et sur les rives du Rio Apure, 48 milles géographiques avant sa jonction avec l'Orénoque, un bruit souterrain terrible et semblable à des décharges d'artillerie. Le volcan de Saint-Vincent n'avait point vomi de lave depuis 1718 ; le 20 avril une immense éruption sortit du cratère situé au sommet de la montagne, et le torrent de lave arrivait en quatre heures au bord de la mer[1]. » Humboldt ajoute qu'une chose très-étrange lui a été affirmée par des marins intelligents, c'est que les détonations étaient beaucoup plus fortes en pleine mer qu'auprès de l'île. On doit remarquer, d'ailleurs, que le Rio Apure est situé à 210 lieues du volcan, c'est-à-dire à la distance du Vésuve à Paris.

INFLUENCE DES MERS

« Les volcans sont presque toujours situés dans le voisinage de la mer ou des grands lacs. Il est à remarquer aussi que les phénomènes volcaniques paraissent avoir cessé brusquement quand ces derniers ont disparu par une cause quelconque, ainsi qu'on le remarque en Auvergne, à l'égard de la Limagne, ancien lac devenu aujourd'hui une des contrées les plus fertiles, et qui est rarement troublée par les tremblements de terre. N'est-ce pas aussi par la même raison que, dans les grandes îles à volcans, telles que l'Islande, les phénomènes volcaniques sont plus communs sur le bord de la mer que dans l'intérieur des terres, près des grands lacs que partout ailleurs?

« Le soulèvement des montagnes primordiales n'a peut-être pas d'autre cause que l'énorme pression de la mer lorsque les eaux, dans les premiers âges du monde, après s'être précipitées par la condensation de l'atmo-

[1] *Cosmos*

sphère, ont couvert les deux tiers du globe. Au fur et à mesure que les eaux océaniques ont augmenté de volume, la dépression du bassin qui les recevait est devenue plus grande ; par conséquent, la matière centrale, incandescente, a été refoulée sur divers points ; et, pour faire équilibre dans la nature, où tout tend au repos, cette matière a dû soulever ou redresser les bords du bassin océanique en donnant lieu d'abord à des chaînes de montagnes primitives, puis, à de nombreux volcans qui semblent diminuer tous les jours[1]. »

Il faut aussi reconnaître, avec Arago, que le fond de la mer et les côtes situées beaucoup au-dessous des terres continentales, doivent présenter une moindre résistance à l'action des forces souterraines et donner un plus libre cours aux éruptions.

Les volcans encore actifs de l'Asie centrale, qui s'élèvent au milieu de la chaîne des Tian-schan ou Montagnes célestes, sont, il est vrai, très-éloignés des côtes de la mer Glaciale et de la mer des Indes. Mais ces volcans, ainsi que l'observe Humboldt, se trouvent à une assez faible distance de la grande dépression qui formait autrefois un vaste bassin, divisé depuis en une série de lacs que l'on a nommés *Lacs à chapelet*. D'anciennes traditions parlent d'une mer desséchée, et Humboldt cite, à ce sujet, un fait très-curieux :

« Des veaux marins, tout pareils à ceux qui habitent en troupes la mer Caspienne et le Baïkal, se retrouvent à 100 milles géographiques dans le petit lac d'Oron, rempli d'eau douce, et qui n'a que quelques milles de

[1] Robert, *Voyage de* la Recherche.

circonférence ; tandis qu'il n'en existe pas dans la Léna, bien que la rivière Witim, l'un de ses affluents, soit en communication avec le lac d'Oron. L'isolement où vivent aujourd'hui ces animaux, la distance qui les sépare de l'embouchure du Volga, distance égale à 900 milles géographiques, est un phénomène géologique remarquable, qui témoigne d'un vaste et antique système de communication entre les eaux. Les immenses et nombreuses dépressions qu'a subies le sol de l'Asie centrale auraient-elles eu, par exception, la même influence sur le gonflement continental, et créé les mêmes relations que produit, sur les rivages, aux bords des failles de soulèvement, l'affaiblissement du lit des mers ? »

V

LES ANDES

CHAINES DE VOLCANS

Le voyageur qui suit la côte occidentale d'Amérique, depuis le cap Horn jusqu'au détroit de Behring, voit très-fréquemment des cimes volcaniques se dresser au milieu des majestueuses montagnes qui dominent d'une part l'océan Pacifique, et de l'autre les bassins des grands fleuves. On n'y compte pas moins de cent quinze bouches par lesquelles le foyer intérieur du globe communique avec l'atmosphère. Toute l'énergie des forces souterraines semble s'être concentrée dans le nouveau continent sur cette ligne unique, car il n'en porte ailleurs aucune trace.

Ces forces surpassent, en outre, de beaucoup celles

8

dont nous avons précédemment décrit les effets. Les
géants des Andes ont plus du double de la hauteur de
l'Etna. Le plus souvent ils ne vomissent que des scories,
de la cendre et de la fumée, mais quelquefois la lave
coule de leurs cratères, ainsi qu'on l'a constaté sur l'Antisana, volcan dont le sommet s'élève à 5,833 mètres
au-dessus de la surface des mers. En faisant le calcul
de la pression nécessaire pour soutenir une colonne de
lave de cette hauteur, on trouve 1,500 atmosphères,
tandis que 300 suffisent pour faire arriver la lave à la
bouche de l'Etna. On se fera une idée de la grandeur
de telles puissances en se rappelant qu'une atmosphère
équilibre une colonne de 10 mètres d'eau, et que nos
machines à vapeur les plus énergiques ne fonctionnent
qu'à 10 atmosphères environ.

Léopold de Buch, qui a donné une si grande impulsion à la géologie, et particulièrement à l'étude des
volcans, a établi une division importante. Il a distin-
gué, en premier lieu, la classe des volcans centraux,
qui forment des groupes au milieu desquels s'élève un
foyer principal. Tels sont les volcans décrits dans les
chapitres précédents. La seconde classe est constituée
par les chaînes volcaniques ou volcans en lignes, qui
sont disposés à la suite les uns des autres, comme s'ils
étaient les soupiraux d'une même galerie souterraine.
Nous les trouverons surtout dans les Andes et dans l'o-
céan Pacifique. Au milieu des montagnes de l'Amérique occidentale, des rangées rectilignes, qui compren-
nent jusqu'à vingt volcans, s'étendent, en divers points,
sur un espace d'environ 130 milles géographiques
(distance du Vésuve à Prague), et cette chaîne est tantôt

parallèle à l'axe général des Andes et tantôt transversale.

Si l'on excepte les intéressantes observations de Bouguer et de la Condamine, on peut dire que ce champ de recherches si important n'a été exploré qu'à partir de la fin du dernier siècle, époque des voyages et des découvertes d'Humboldt et de Bonpland, qui vont maintenant nous servir de guides.

Les volcans de la Colombie sont les plus renommés parmi ceux du nouveau monde, et cette célébrité vient de ce que le souvenir des travaux scientifiques de Bouguer et de la Condamine y est attaché.

On compte dans la région de Quito dix-huit volcans dont six sont encore enflammés. Le tableau que présentent leurs cimes élevées et distribuées d'une manière pittoresque, prend surtout un caractère grandiose lorsqu'on y joint l'idée de la liaison de toutes les parties de la chaîne par des communications souterraines. Un foyer général paraît s'étendre sous le plateau entier, et on a observé que le centre d'activité se propage peu à peu depuis des siècles dans la direction du sud au nord.

CRATÈRE DU PICHINCHA

Quito est bâtie au pied de cette montagne volcanique qui a été, au seizième siècle, le théâtre d'éruptions formidables, et qui, plus tranquille depuis 1660, n'est pas encore éteinte. Elle est formée par l'immense mur de trachite noir qui suit, dans un espace de 15 kilomètres, la faille pratiquée à l'ouest de la Cordillère. Ce mur porte, comme des châteaux forts, trois coupoles, dont la principale, appelée Rucu-Pichincha (le Père ou l'Ancien), s'élève jusque dans la région des neiges éternelles.

Humboldt, guidé par un Indien, gravit, en 1802, le plus oriental de ces grands rochers. Arrivé, par des

Fig. 31. — Le Pichincha.

chemins fort dangereux, au bord extrême du cratère, il se trouva à 800 mètres environ du fond de l'abîme enflammé. « C'était, dit-il, un spectacle magnifique. Jamais la nature ne s'était offerte à moi sous un aspect plus grandiose. »

Il mentionne ensuite les observations faites depuis cette époque dans le cratère même du volcan par un savant voyageur, M. Wysse, qui ne craignit pas d'y passer plusieurs nuits. « Ce cratère est divisé en deux parties par une arête de rocher recouverte de scories vitrifiées. La partie orientale, de forme circulaire, et plus profonde que l'autre de plus de 1,000 pieds, est ac-

Fig. 52. — Cratères du Pichincha (d'après Humboldt).

tuellement le véritable siége de l'activité volcanique. Elle renferme un cône d'éruption, haut de 250 pieds, et entouré de plus de 70 fumeroles enflammées, d'où s'exhale une vapeur de soufre. C'est probablement de ce cratère, couvert, aux endroits les moins chauds, de touffes de graminées semblables à des roseaux, que sont sorties les éruptions ignées de scories, de ponces et de cendres, qui se sont succédé en 1539, 1560, 1566, 1577, 1580 et 1660. Durant ces éruptions, la ville de Quito était souvent plongée tout un jour dans une obscurité complète, causée par la poussière des rapillis[1]. »

ÉRUPTIONS DU COTOPAXI — ÉCROULEMENT DU CARGUAIRAZO

La cime du volcan de Cotopaxi forme un cône parfaitement régulier sur lequel la ligne des neiges et la limite de la végétation forestière sont marquées de la manière la plus nette. Plus bas, quelques pics raboteux, qu'on appelle « la tête de l'Inca, » paraissent être d'anciennes coulées de lave.

La proximité d'une éruption est annoncée par la fonte subite des neiges qui recouvrent le sommet. Avant que la fumée monte dans l'air, les parois du cône deviennent incandescentes et brillent au milieu de la nuit d'une lueur rougeâtre, au-dessus de l'énorme masse noire de la montagne.

En 1744 commença une longue et désastreuse éruption. Suivant la Condamine, les colonnes de feu qui s'élevaient du volcan atteignirent une hauteur de 1,000 pieds. En même temps des torrents d'eau, provenant de la fonte subite des neiges entassées depuis deux siècles, se précipitèrent sur les pentes, entraînant des

[1] *Cosmos.*

Fig. 55. — Éruption du Cotopaxi (1741).

blocs de glace et des scories fumantes ; leur puissance
fut telle, qu'on vit de grandes vagues se former dans la
plaine, et que la vitesse des eaux, à 4 lieues de la montagne, était encore, d'après l'estimation de Bouguer, de
17 mètres par seconde. Six cents maisons furent détruites et près de mille personnes périrent.

D'immenses débâcles ont quelquefois pour cause l'action lente mais continue de la neige pendant la période
de repos de ces volcans élevés. Par suite de sa fusion,
des infiltrations d'eau incessantes pénètrent dans les roches. « Les cavernes qui se trouvent dans les flancs de
la montagne ou à sa base sont ainsi transformées peu
à peu en réservoirs d'eau souterrains que d'étroits canaux font communiquer avec les ruisseaux alpestres du
plateau de Quito. Les poissons des ruisseaux vont se
multiplier de préférence dans les ténèbres des cavernes,
et quand les secousses qui précèdent toujours les éruptions des Cordillères ébranlent la masse entière du
volcan, les voûtes souterraines s'entr'ouvrant tout à coup,
l'eau, les poissons, les boues tufacées sont expulsées à
la fois. Tel est le singulier phénomène qui a fait connaître aux habitants des plaines de Quito le petit poisson qu'ils appellent *prenadilla*. Dans la nuit du 19 au
20 juin 1698, le sommet du volcan de Carguairaso, de
6,000 mètres de hauteur, s'écroula subitement, sauf
deux énormes piliers, derniers vestiges de l'ancien cratère : les terrains environnants furent recouverts et
rendus stériles sur une étendue de près de 7 lieues carrées, par du tuf délayé et par une vase argileuse contenant des poissons morts. Les fièvres pernicieuses qui se
déclarèrent sept ans plus tard, dans la ville d'Ibarra, au

nord de Quito, furent attribuées à la putréfaction d'un grand nombre de poissons morts que le volcan d'Imbabaru avait rejetés[1]. »

On rapporte à la grande éruption du Cotopaxi, qui eut lieu en 1533 et dont le terrible souvenir s'est conservé dans le pays de génération en génération, l'existence, à une distance de 3 lieues, de blocs de trachyte ayant un volume de 100 mètres cubes. Ce qui écarte le doute sur l'origine de ces pierres, c'est qu'elles forment en tous sens des traînées dirigées vers le volcan.

ÉPUPTIONS DU SANGAY — L'ANTISANA

Sur le versant est de la Cordillère orientale, entre deux systèmes d'affluents qui vont grossir le fleuve des Amazones, se trouve le grand volcan de Sangay, haut de 6,000 mètres et cependant plus actif que le petit cône de Stromboli, élevé de 900 mètres seulement au-dessus de la mer. Les éruptions du Sangay, qui ont commencé en 1728, faisaient l'office d'un signal de feu perpétuel, pendant que les savants français étaient occupés de la mesure d'un degré du méridien terrestre. Ces éruptions sont accompagnées de bruits formidables, appelés *bramidos* par les habitants, et qu'on a quelquefois entendus à de très-grandes distances. Ainsi, en 1842 et 1843, à l'époque où les tonnerres souterrains

---

[1] *Cosmos.*

furent plus violents que jamais, ils parvinrent distinctement jusqu'à Payta, le long des côtes du Pacifique.

Suivant M. Wysse, qui a gravi le premier cette montagne colossale, il y a deux cent soixante-sept éruptions en une heure ; chacune dure en moyenne treize secondes. L'intrépide voyageur a constaté, en outre, cette circonstance remarquable, que, même sur le cône de cendres, aucune secousse sensible n'accompagne ces émissions si fréquentes. Les matières rejetées au milieu d'une épaisse fumée de couleur tantôt grise, tantôt orangée, sont des cendres et des scories. M. Wysse a compté dans une forte explosion soixante scories ayant la forme sphérique et 2 pieds environ de diamètre. Elles retombent pour la plupart dans le cratère ou glissent sur la paroi du cône en jetant un éclat tel, que la Condamine croyait voir des flammes produites par du soufre et de l'asphalte. Les cendres, qui sont très-noires, donnent à la partie supérieure du volcan un aspect effroyable. Sur sa pente, et à 18 kilomètres à la ronde, elles se sont répandues en couches dont, en quelques endroits, on évalue l'épaisseur à 120 mètres.

L'Antisana est un volcan dont les plus récentes éruptions remontent à 1590 et 1718 ; il mérite cependant une attention particulière. Dans les Cordillères de Quito, c'est le seul qui présente des coulées de lave.

Par sa taille, il égale le Sangay. A 4,200 mètres de hauteur se trouve une plaine ovale, d'où s'élève comme une île la partie du volcan couverte de neiges perpétuelles. La cime arrondie en dôme est reliée par une croupe de collines dentelées à un cône tronqué situé au nord. Jadis la plaine a servi de lit à un lac, mais au-

jourd'hui la nappe d'eau est réduite à une petite lagune.
Des remparts de pierres basaltiques s'élèvent au pied de
la montagne. Beaucoup de ces roches sont tellement
scorifiées qu'elles ressemblent à des éponges.

VOLCANS DU CHILI ET DU PÉROU — DERNIÈRES ÉRUPTIONS
LA TERRE-DE-FEU

Parmi les trente-huit cratères, semés en deux groupes sur les Cordillères, qui s'étendent de la Colombie
vers le détroit de Magellan, seize peuvent encore être
considérés comme actifs. Le plus élevé de tous ces volcans est le Sahama, qui atteint la hauteur de 7,000
mètres, six fois celle du Vésuve ; il est placé au point
où la chaîne des Andes change sa direction. C'est un
beau cône tronqué, parfaitement régulier, couvert de
neige éblouissante et toujours couronné d'un panache
de fumée.

Près d'Arequipa se trouvent six volcans dont un seul
est enflammé. Au seizième siècle, cette ville fut presque
entièrement ensevelie par une éruption des cendres de
l'Uvinas, aujourd'hui éteint et situé à plusieurs lieues
de distance.

. Le volcan de Gualatieri, dans la Bolivie, est encore
en activité, d'après le savant voyageur Pentland, qui a
trouvé, au pied de la chaîne orientale, à plus de 45 milles géographiques de la côte, c'est-à-dire à une distance
plus grande encore que celle du Sangay, un cratère ancien avec des coulées de lave.

Les bouleversements de l'écorce terrestre ont fait surgir dans ces contrées les plus précieuses richesses minérales, consacrées jadis par les Incas à l'ornement de leurs temples du Soleil. Sur une île, au milieu du lac Titicaca, s'élevait le plus ancien de ces sanctuaires. C'était un édifice couvert de lames d'or, et il renfermait la fameuse chaîne de même métal, longue de 700 pieds, que l'Inca Huayna Capac avait fabriquée, et qui servait dans les cérémonies religieuses. Les Indiens ne purent soustraire cette chaîne à l'avidité de leurs conquérants qu'en la précipitant dans les profondeurs du lac, qui la gardent peut-être encore aujourd'hui. Rappelons aussi les célèbres mines du Potosi, exploitées dans les Andes, au milieu de roches de porphyre, à une hauteur supérieure à celle du mont Blanc.

Une particularité remarquable qui se présente encore au Pérou consiste en d'énormes épanchements de trachyte qui se sont faits, non par les cratères des pics volcaniques, mais par des fissures latérales. L'un d'eux a couvert le sol sur une surface de plus de 500 kilomètres carrés sans interruption.

Pour arriver à la chaîne des volcans du Chili, il faut franchir un espace de 135 milles où l'on n'en trouve aucun. Un groupe de treize bouches encore actives, dominé par l'Aconcagua, qui rivalise de grandeur et de beauté avec le Sahama, se dresse au-dessus de la côte. Lorsqu'une des secousses de tremblements de terre qui ébranlent si souvent cette contrée se fait sentir, on voit au même instant de longs jets de flamme et de fumée sortir de la plupart des volcans.

L'Antuco vomit de quart d'heure en quart d'heure

des vapeurs sulfureuses, des cendres et des ponces. Ses formidables détonations se font entendre à 12 lieues.

Nous reviendrons plus loin sur les phénomènes volcaniques du Pérou et du Chili en parlant des terribles tremblements de terre dont ces contrées sont si souvent le théâtre.

La nature des Andes patagoniennes est très-peu connue. A l'extrémité du continent américain se trouve la Terre-de-Feu, qui recèle un puissant foyer volcanique sous son épais manteau de neige. Sur plusieurs points de ces côtes apparaissent des basaltes et des laves porphyritiques avec des conglomérats de scories. Dans la région centrale s'élève le cône du Sarmiento, dont le sommet enflammé est élevé de 2,200 mètres au-dessus du niveau de la mer.

La ligne d'activité souterraine que nous venons de suivre est continuée dans les mers australes par les îles Shetland du Sud, dans lesquelles plusieurs sources thermales jaillissent au milieu de la neige. L'île de la Déception n'est qu'un vaste cratère annulaire dont les falaises perpendiculaires sont composées de couches alternatives de glace et de lave. Dans l'année 1842, on la vit vomir des flammes sur treize points différents disposés en cercle.

L'ENFER DE MASAYA

Le volcan de Masaya, *el Infierno de Masaya*, dont la réputation était fort répandue au commencement du seizième siècle sous cette dénomination d'*Enfer*, et qui a été l'objet de mémoires adressés à Charles-Quint, est situé dans l'Amérique centrale, entre les deux lacs de Nicaragua et de Managua, au sud-ouest du charmant village indien de Nindiri. Il a présenté, pendant des siècles, le rare phénomène observé sur le Stromboli. Des bords du cratère on voyait, à travers une ouverture enflammée, monter et se précipiter les flots de lave agités par des vapeurs. L'historien espagnol Gonzalès Fernando de Oviedo, qui, en 1501, avait visité le Vésuve avec la reine de Naples, a le premier gravi le Masaya, au mois de juillet 1529, et a fait des comparaisons entre les deux volcans. Le nom de Masaya signifie montagne enflammée. Le cratère, entouré d'un vaste champ de lave, qu'il a sans doute formé lui-même, était considéré, à cette époque, comme tenant au groupe volcanique des Maribios. Dans l'état ordinaire, dit Oviedo, la surface de la lave, au milieu de laquelle nagent des scories noires, reste à plusieurs centaines de pieds au-dessous des bords du cratère, mais quelquefois il se produit subitement un bouillonnement tel, que la lave atteint presque le bord le plus élevé. La perpétuelle illumination du Masaya provient, suivant le langage ingénieux et précis d'Oviedo, non d'une flamme proprement dite, mais de vapeurs éclairées par en bas. Ce phénomène avait, dit-on, une si grande intensité, que, sur la route, longue de près de 3 lieues, qui conduit du volcan à la ville de Grenade, la contrée était éclairée presque comme au temps de la pleine lune.

ÉRUPTION DU COSEGUINA — L'IZALCO — AGUA ET FUEGO

L'Amérique centrale, dans laquelle une chaîne de vingt-neuf volcans en présente dix-huit encore enflammés, compose avec la mer des Antilles une des régions du globe où l'activité souterraine a le plus d'intensité. Nous avons décrit, dans le dernier chapitre, les phénomènes que présente la partie insulaire; il nous reste à donner quelques détails sur les volcans semés le long des Cordillères, qui se dressent entre les deux mers, sur une étendue d'environ 6° de latitude.

En montant de Nicaragua vers le nord jusqu'au grand golfe de Fonseca, on rencontre, à une distance de 5 milles du Pacifique, six volcans rangés en file et serrés les uns contre les autres, qui portent le nom collectif de *los Maribios*. Le Coseguina, sur le promontoire qui forme l'extrémité sud du golfe, doit sa célébrité à la terrible éruption du mois de janvier 1835. L'obscurité profonde causée par les cendres dura deux jours. On entendit de formidables détonations dans la presqu'île du Yucatan, sur le littoral de la Jamaïque, et même sur le plateau de Bogota, c'est-à-dire à près de 3,000 mètres au-dessus de la mer, et à une distance de 140 milles géographiques. Par une coïncidence remarquable, les volcans Aconcagua et Corcovado, dans le Chili, entrèrent en éruption le même jour.

Le volcan d'Izalco, situé dans une plaine à l'est du port de Sonconate, a quatre éruptions par heure, et sert de phare aux marins qui atterrissent la nuit dans ces parages. C'est un cône de 500 mètres de hauteur qui a été soulevé soudainement comme le volcan de Jorullo, dont nous donnerons plus loin la description.

Deux volcans de la même chaîne portent les noms bizarrement rapprochés d'Agua et de Fuego. Le premier doit le sien à la fonte subite des neiges de son sommet, qui occasionna une désastreuse inondation de la ville voisine de Guatemala. Le second a attiré l'attention, dans le dernier siècle surtout, par de grandes éruptions accompagnées de violents tremblements de terre ; et tout récemment encore, il a déversé un énorme torrent de lave. Le gouvernement de la province dut forcer les habitants à déserter une ville soumise à tant de désastres pour s'établir dans un emplacement situé plus au nord.

VOLCANS DU MEXIQUE — LES MALPAYS

Du Soconusko, qui termine la chaîne de l'Amérique centrale, jusqu'au système tout différent qui caractérise le Mexique, on ne trouve aucune formation volcanique dans un parcours de 40 milles. Tous les pics qui composent ce système paraissent alignés comme s'ils étaient sortis par une crevasse unique, longue de 90 milles, dans une direction perpendiculaire à celle de la grande chaîne de montagnes qui traverse le Mexique du nord au sud. Ce parallèle de volcans, comme l'appelle Humboldt, n'oscille que de quelques minutes autour du parallèle géographique de 19°. On a remarqué,

en outre, qu'en prolongeant cette ligne de 110 milles,
à l'ouest des côtes de l'océan Pacifique, elle rencontre
les îles Revillagigedo, dans le voisinage desquelles sur-
nagent souvent des pierres ponces en grande quantité,
et que plus loin elle aboutirait au grand volcan de
Mauna-Roa, dans une des îles Sandwich. De semblables
correspondances indiquent probablement des traces de
dislocation de l'écorce du globe, conformément à une
théorie géologique dont nous aurons à parler.

Des six volcans mexicains, l'Orizaba, le Toluca, le
Tuxtla, le Popocatepetl, le Jorullo et le Colima, les
quatre derniers sont encore en activité, ou ont eu des
éruptions dans les temps historiques. En outre, sur le
plateau où ils s'élèvent, on trouve en plusieurs endroits,
à la surface du sol, de vastes champs de lave entièrement déserts, auxquels les habitants donnent le nom
significatif de *malpays*, et qui témoignent de l'extrême
énergie des forces souterraines.

Une semblable couche dénudée est située à l'ouest de
Puebla, au pied du volcan de Popocatepetl. Elle a 6 kilomètres de long sur 2 de large, et est élevée de 20 à
50 mètres au-dessus de la plaine limitrophe. Des blocs
de lave noire, quelquefois dressés debout, et semés çà
et là de couches de ponce jaunâtre et de quelques mai-
gres lichens, offrent un aspect horriblement sauvage.
Ces masses énormes ne paraissent pas être le résultat
d'épanchements latéraux. « Il est probable, dit Hum
boldt, que lors du soulèvement des montagnes, le plis-
sement du sol a produit, sur un vaste espace, des failles
longitudinales et des réseaux de failles, d'où sont sorties directement des matières en fusion, tantôt sous la

forme de masses compactes, tantôt sous celle de laves scorifiées, sans qu'il se soit formé des échafaudages de montagnes, c'est-à-dire des cônes couverts ou des cratères de soulèvement. »

LES COMPAGNONS DE CORTEZ SUR LE POPOCATEPETL

On lit dans les récits de Cortez qu'ayant été très-frappé par la vue du Popocatepetl toujours enflammé, il envoya ses courageux compagnons jusqu'au sommet, « pour découvrir le secret de la fumée, » secret dont il voulait faire part à Charles-Quint. Cet épisode est ainsi raconté par l'historien W. Prescott[1] : « Les Espagnols défilèrent entre les deux plus hautes montagnes de l'Amérique septentrionale, Popocatepetl « la montagne qui fume, » et Iztaccihuatl, ou « la Femme blanche, » nom suggéré sans doute par l'éclatant manteau de neige qui s'étend sur sa large surface accidentée. Une superstition puérile des Indiens avait déifié ces montagnes célèbres, et Iztaccihuatl était, à leurs yeux, l'épouse de son voisin plus formidable. Une tradition d'un ordre élevé représentait le volcan du nord comme le séjour des méchants chefs, qui, par les tortures qu'ils éprouvaient dans leur prison de feu, occasionnaient les effroyables mugissements et les convulsions terribles qui accompagnaient chaque éruption. Ces légendes superstitieuses avaient environné la montagne d'une mysté-

---

[1] *Histoire de la conquête du Mexique*, liv. III.

rieuse horreur qui empêchait les naturels d'en tenter l'ascension ; c'était, il est vrai, à ne considérer que les obstacles naturels, une entreprise qui présentait d'immenses difficultés.

« Le *grand volcan*, c'est ainsi qu'on appelait le Popocatepetl, s'élevait à la hauteur prodigieuse de 17,852 pieds au-dessus du niveau de la mer, c'est-à-dire à plus de 2,000 pieds au-dessus de la plus haute sommité de l'Europe. Ce volcan a rarement, pendant le siècle actuel, donné signe de son origine, et la « Montagne qui fume » a presque perdu son titre à cette appellation. Mais à l'époque de la conquête, il était souvent en activité, et il déploya surtout ses fureurs dans le temps où les Espagnols étaient à Tlascala, ce qui fut considéré comme un sinistre présage pour les peuples de l'Anahuac. Sa cime, façonnée en cône régulier par les dépôts des éruptions successives, affectait la forme ordinaire des montagnes volcaniques lorsqu'elle n'est point altérée par l'affaissement intérieur du cratère. Élevée dans la région des nuages, avec son enveloppe de neiges éternelles, on l'apercevait au loin de tous les points des vastes plaines de Mexico et de Puebla ; c'était le premier objet que saluait le soleil du matin, le dernier sur lequel s'arrêtaient les rayons du couchant. Cette cime se colorait alors d'une glorieuse auréole, dont l'éclat contrastait d'une manière frappante avec l'affreux chaos des laves et des scories, et l'épais rideau de pins funéraires qui entouraient sa base.

« Le mystère même et les terreurs qui planaient sur le Popocatepetl inspirèrent à quelques cavaliers espagnols, bien dignes de rivaliser avec les héros de roman

Fig. 34. — Cratère du Popocatepetl.

de leur pays, le désir de tenter l'ascension de cette montagne, tentative dont la mort devait être, au dire des naturels, le résultat inévitable. Cortez les encouragea dans ce dessein, voulant montrer aux Indiens que rien n'était au-dessus de l'audace indomptable de ses compagnons. En conséquence, Diego Ortaz, un de ses capitaines, accompagné de neuf Espagnols et de plusieurs Tlascalans enhardis par leur exemple, entreprit l'ascension, qui présenta plus de difficultés qu'on ne l'avait supposé.

« La région inférieure de la montagne était couverte par une épaisse forêt qui semblait souvent impénétrable. Cette futaie s'éclaircit cependant à mesure que l'on avançait, dégénérant peu à peu en une végétation rabougrie et de plus en plus rare, qui disparut entièrement lorsqu'on fut parvenu à une élévation d'un peu plus de 13,000 pieds. Les Indiens, qui avaient tenu jusque-là, effrayés par les bruits souterrains du volcan alors en travail, abandonnèrent tout à coup leurs compagnons. La route escarpée que ceux-ci avaient maintenant à gravir n'offrait qu'une noire surface de sable volcanique vitrifié et de lave, dont les fragments brisés, affectant mille formes fantastiques, opposaient de continuels obstacles à leur progrès. Un énorme rocher, le *pico del Fraile* (le pic du Moine), qui avait 150 pieds de hauteur perpendiculaire, et qu'on voyait distinctement du pied de la montagne, les obligea de faire un grand détour. Ils arrivèrent bientôt aux limites des neiges perpétuelles, dans la région des glaces, où un faux pas pouvait les précipiter dans les abîmes béants. Pour surcroît d'embarras, la respiration devint si pé-

nible dans ces régions aériennes, que chaque effort
était accompagné de douleurs aiguës dans la tête et
dans les membres. Ils continuèrent néanmoins d'avan-
cer jusqu'aux approches du cratère, où d'épais tourbillons de fumée, une pluie de cendres brûlantes et
d'étincelles vomies du sein enflammé du volcan et chassées sur la croupe de la montagne, faillirent les suffo-
quer en même temps qu'ils les aveuglaient. C'était plus
que leurs corps, tout endurcis qu'ils étaient, ne pou-
vaient supporter, et ils se virent à regret forcés d'aban-
donner leur périlleuse entreprise au moment où ils
touchaient au but. Ils rapportèrent, comme trophées
de leur expédition, quelques gros glaçons produits
assez curieux dans ces régions tropicales, et leur succès,
sans avoir été complet, n'en suffit pas moins pour frapper les naturels de stupeur, en leur faisant voir que
les obstacles les plus formidables, les périls les plus
mystérieux, n'étaient qu'un jeu pour les Espagnols.
Ce trait, d'ailleurs, peint bien l'esprit aventureux des
cavaliers de cette époque, qui, non contents des dan-
gers qui s'offraient naturellement à eux, semblaient
les rechercher pour le plaisir de les affronter. Une relation de l'ascension du Popocatepetl fut transmise à
l'empereur Charles-Quint, et la famille d'Ortaz fut au-
torisée à porter, en mémoire de cet exploit, une montagne enflammée dans ses armes. »

Les conquérants de la science ont achevé l'entreprise
des compagnons de Cortez. Plusieurs naturalistes sont
parvenus au sommet du Popocatepetl, et on a même
commencé à exploiter le soufre qui s'y dépose. Nous don-
nons (page 135), d'après un dessin de M. Jules Laverrière,

une vue du cratère prise de la brèche située au nord-est :
c'est un vaste bassin circulaire dont les parois verticales sont composées de couches colorées en rose pâle
dans certaines parties, en noir dans d'autres. Deux pics
neigeux le dominent. On se sert d'un cabestan placé
sur une saillie pour descendre sur la plate-forme intérieure. Là se trouvent plusieurs orifices auxquels on a
donné le nom de *respiradores*, qui laissent échapper
de grandes colonnes de vapeur d'abord rouge, puis
jaune, enfin blanche. Leur nombre est variable, car il
suffit d'un amas de fragments pour boucher un soupi-
rail et détourner ou diviser le courant ascendant. En
1857, il y en avait 5 et le diamètre du plus grand
était d'environ 6 mètres. On voit, près de leurs bords,
du soufre en masses compactes, à cassure brillante et
d'une grande pureté, en granules mélangés de sable
ou à l'état de fleur. Chaque année l'industrie en retire
plus de 800 quintaux métriques.

CRATÈRE DE L'ORIZABA

L'Orizaba, beau cône de 6,000 mètres d'élévation,
dont le nom atzèque Citlalpetl signifie montagne des
étoiles, a été le théâtre d'éruptions très-violentes, de
1545 à 1560, mais il est resté en repos depuis cette
époque. Lorsqu'au mois de septembre 1856, le baron
de Müller en fit l'Ascension, ce savant ne parvint au
sommet qu'à sa seconde tentative. Perdu pendant la
première au milieu des glaces, il fut enveloppé par une

effroyable tempête, et ne redescendit qu'avec beaucoup de peine par une route extrêmement dangereuse. Des informations nouvelles lui indiquèrent un meilleur chemin ; deux habitants de la ville voisine se joignirent à lui, et les Indiens furent envoyés en avant pour préparer dans une grotte voisine de la limite des neiges ce qui était nécessaire pour y passer la première nuit.

Les voyageurs n'arrivèrent dans ce lieu de halte que longtemps après le coucher du soleil, lorsque déjà la lune répandait sa sereine clarté sur la vaste et magnifique contrée. Ils contemplèrent le site, en se réchauffant auprès d'un feu allumé par les Indiens. D'un côté, un rideau de noirs sapins se détachait sur le ciel ; de l'autre, le gigantesque volcan, presque voilé par le brouillard, réfléchissait les rayons de la lune, et cette lueur mystérieuse le faisait paraître plus majestueux encore.

Pour franchir, le lendemain, les champs de neige, il fallut souvent s'aider, en rampant, des rochers dont ils étaient remplis. La difficulté d'arriver au sommet augmenta encore lorsqu'une neige fine vint à tomber. Aussi ne fut-ce qu'à six heures de l'après-midi que M. de Müller put, avec ses compagnons, mettre le pied sur le bord du cratère.

« J'avais atteint mon but, dit-il dans sa relation, et la joie fit évanouir toutes mes douleurs ; mais ce ne fut que pour un instant, car je tombai aussitôt à terre, et un flot de sang sortit avec violence de ma bouche.

« Lorsque je revins à moi, j'étais encore près du cratère : alors je recueillis toutes mes forces pour regarder et observer autant qu'il m'était possible. Ma plume ne peut décrire l'aspect de ces lieux ni l'impres-

sion qu'ils produisirent sur moi. C'est la porte du
monde infernal, que gardent la Nuit et l'Épouvante.
Quelle terrible puissance il a fallu pour soulever et
faire éclater ces masses énormes, les fondre et les en-
tasser comme des tours, jusqu'au moment où elles se
sont refroidies et ont atteint leurs formes actuelles !

Fig. 55. — Cratère de l'Orizaba.

« Une couche jaunâtre de soufre recouvre en plusieurs places les parois internes, et sur le fond s'élèvent différents petits cônes volcaniques. Le sol du cratère, aussi loin que je pouvais voir, était couvert de
neige, et nullement chaud par conséquent. Les Indiens
m'assurèrent que, sur différents points, un air chaud
sort des fentes de la roche. Bien que je ne l'aie pas vé-

rifié, ce fait me paraît tout fait admissible, car j'ai souvent observé pareil phénomène sur le Popocatepetl.

« Mon plan primitif de passer la nuit sur le cratère était, pour des causes majeures, devenu impraticable. Le crépuscule qui, sous cette latitude, est, comme on sait, très-court, avait déjà commencé, nous dûmes nous disposer au retour. Les deux Indiens roulèrent ensemble les nattes de paille qu'ils avaient apportées, et les courbèrent par devant, de manière à former une espèce de traineau ; nous nous assîmes dessus, et, étendant nos jambes, nous nous laissâmes glisser sur ce véhicule. La rapidité avec laquelle nous étions précipités augmenta tellement, que notre descente ressemblait plus à une chute au milieu de l'air qu'à tout autre moyen de locomotion ; en quelques minutes, nous franchîmes un espace que nous avions mis cinq heures à gravir. »

APPARITION DU JORULLO

Sur la grande faille du parallèle de 19 degrés, que nous avons signalée, entre les volcans Toluca et Colima, mais à une distance de 15 myriamètres de chacun d'eux, apparut tout à coup, en 1759, un volcan nouveau haut de plus de 500 mètres. Ce phénomène, presque contemporain, rappelle les révolutions des périodes primitives de notre planète, et présente le plus grand intérêt pour la science. Humboldt en a fait

Fig. 36. — Le Jorullo.

une étude très-complète, dans laquelle il a réuni à l'observation des lieux tout ce que les traditions conservées dans le pays, sur cette terrible catastrophe, renferment de plus important.

Transportons-nous sur la pente occidentale du plateau mexicain, où s'étendent les vastes plaines de la province de Méchuacan, qui jouissent d'un climat tempéré, à cause de leur élévation à 800 mètres au-dessus de la mer, et sont renommées pour leurs belles plantations. Entre deux petits cours d'eau, appelés Cuitimba et San Pedro, on voyait, jusqu'au milieu du dernier siècle, les champs cultivés en coton, en cannes à sucre et en indigo d'une des plus riches *haciendas*, ou propriétés rurales de la contrée.

A partir du 29 juin 1759, des bruits souterrains effroyables et de nombreuses secousses de tremblements de terre se succédèrent pendant deux mois, plongeant les habitants dans la consternation. Le calme sembla être revenu au commencement de septembre, mais bientôt les signes sinistres apparurent de nouveau.

Le 28, on observa un phénomène qui, d'ordinaire, marque plutôt la fin que le commencement des éruptions. Des ouvriers étaient allés faire une récolte dans un bois de goyaviers qui existait à l'endroit où le Jorullo s'élève aujourd'hui. Quand ils revinrent à la métairie, on remarqua avec surprise que leurs chapeaux étaient couverts de cendres volcaniques. Des crevasses s'étaient donc déjà ouvertes dans le voisinage. En même temps, les ébranlements souterrains devinrent de plus en plus violents, et dans les premières heures de la nuit la cendre atteignait un pied de haut.

« Tout le monde, dit Humboldt, se réfugia sur les hauteurs d'Aguasarco, petit village indien, situé à 2,160 pieds au-dessus du plateau du Jorullo. De là, on vit, telle est du moins la tradition, une vaste étendue de pays en proie à une effroyable éruption de flammes, et au milieu de ces flammes apparut, comme un château noir, une butte immense et sans forme, suivant les expressions des témoins oculaires. A cette époque, la contrée n'était guère peuplée, et il n'y eut pas mort d'homme, malgré la violence et la durée du tremblement de terre, tandis que, près des mines de cuivre d'Inguaran, dans la petite ville de Patacuaro, des maisons furent renversées. »

L'espace bouleversé comprend plus de 3 milles carrés. Aux quartiers de roc, aux scories et aux cendres lancés dans les airs, se joignaient une émission d'eau boueuse et d'énormes jets de vapeur. Le volcan surgit à peu près au milieu de la contrée, ainsi transformée en *malpays* ; il se compose de six cônes de différentes grandeurs, dont le plus élevé porte le nom de Jorullo.

Le phénomène le plus important dont cette apparition a été accompagnée, est le soulèvement d'une surface circulaire d'environ 6,000 pieds de rayon. Cette surface, qui présente presque partout sur ses bords des escarpements de 12 mètres, a la forme convexe, et son centre est élevé de 160 mètres au-dessus du plan extérieur.

Les deux ruisseaux par lesquels le pays était arrosé disparurent dans une profonde crevasse de la partie orientale. Ils traversent sans doute maintenant des conduits volcaniques souterrains, car on les voit reparaître à l'ouest, en un point éloigné de leur ancien lit, .formant deux cascades dont les eaux ont une température élevée.

Pour bien nous rendre compte de l'état du vaste dôme soulevé, il faut recourir à un rapport dans lequel le commissaire des mines, Fischer, a consigné les récits des témoins oculaires de l'événement. « Avant la naissance des montagnes, y est-il dit, les secousses et le bruit acquirent plus de fréquence. La surface du sol se dressa perpendiculairement. Toute la plaine se tuméfia et forma des vessies dont la plus grande est devenue le Jorullo. Ces sortes de bulles, de dimensions très-différentes et en général d'une forme conique assez régulière, crevèrent plus tard et vomirent une vase bouillonnante ainsi que des masses de pierres scorifiées qui se retrouvent encore à d'immenses distances recouvertes de pierres noires. »

Des milliers de petits cônes d'éruption sont, en effet, semés assez régulièrement sur toute l'étendue du malpays. Ils ont, en moyenne, de 4 à 9 pieds de hauteur, la fumée s'en échappe par des ouvertures latérales et non par le sommet. De là le nom de *hornitos* (petits fours) que leur donnent les habitants. Quand on s'en approche et qu'on écoute attentivement, on entend dans l'intérieur des bruissements qui paraissent provenir des eaux courantes, dont le contact avec les masses incandescentes donne lieu au dégagement des colonnes de vapeur, qui souvent s'étendent en bancs de brume derrière lesquels apparaissent les masses sombres des collines volcaniques.

« La haute température de l'air, dit Humboldt,
que j'ai pu constater encore, permet de conjecturer ce
qu'elle devait être quarante-trois ans plus tôt. On peut
se faire d'après cela une idée de l'état primordial de notre planète, durant lequel la température de l'atmosphère, et par suite la distribution de la vie organique,
purent être modifiées lentement, sous toutes les zones,
par l'influence de la chaleur interne communiquant avec
l'air extérieur à travers des failles profondes. » Ce qui
rend encore cette analogie plus frappante, c'est le rapide développement, sur la croûte durcie de toute la
contrée bouleversée, des mousses et des grandes fougères, représentants actuels des plantes qui couvraient le
sol dans les anciens âges de la terre.

On a constaté que les six cônes du groupe du Jorullo
sont distribués sur une faille longue de près de 3 kilomètres, et dirigée de manière à couper à angle droit la
ligne d'une mer à l'autre par les grands volcans du
Mexique. Ces cônes restèrent en pleine éruption pendant
une année environ, mais leur activité diminua ensuite
rapidement. Aujourd'hui il y a à peine quelques dégagements de vapeur dans leurs cratères, dont la plupart
sont comblés par des scories.

VOLCANS DU NORD

Nous ne jetterons qu'un rapide coup d'œil sur la région nord-ouest de l'Amérique, dont les volcans sont encore peu connus. Il n'existe pas, depuis le Mexique jusqu'à l'extrémité des montagnes Rocheuses, de chaînes non interrompues, mais un immense gonflement du sol qui augmentant toujours de largeur, se prolonge dans la direction du nord et du nord-ouest, continuant ainsi la ligne des Andes par un vaste plateau, sur lequel des groupes de montagnes isolées apparaissent de distance en distance. Ces montagnes sont le plus souvent des cônes de trachyte, hauts de 3,000 à 4,000 mètres, qui impressionnent d'autant plus le voyageur, que le plateau semble être une plaine à perte de vue.

Deux volcans éteints se trouvent sur le versant oriental des montagnes Rocheuses, les Raton-Moutains, qui ont couvert de laves le terrain s'étendant de l'Arkansas jusqu'à Canadian-River. Mais c'est sur le versant occidental qu'on rencontre le plus grand nombre d'anciens cratères, de coulées de lave et de champs de scories. Un des foyers volcaniques principaux est voisin du grand lac salé des Mormons, où le mont Taylor s'élève à plus de 4,000 mètres. De ce beau cône les coulées de lave rayonnent de toute part, jusqu'à une distance de plusieurs milles.

Les chaînes côtières, dont la plupart courent parallèlement aux montagnes Rocheuses, sont volcaniques dans

une grande partie de leur étendue. Près du golfe de Californie se trouve le volcan de las Virgenes, dont la dernière éruption eut lieu en 1746. Dans la vallée du Rio
del Sacremento, célèbre par ses mines d'or, un cratère
de trachyte écroulé est entouré de nombreuses roches
volcaniques. Plus vers le nord, les monts Shasty renferment de larges coulées de lave.

Le principal siége actuel de l'activité volcanique est
situé dans la chaîne des Cascades, dont plusieurs pics,
couverts de neiges éternelles, s'élèvent jusqu'à 5,000 mètres. Les plus remarquables sont : le mont Sainte-Hélène, beau cône régulier, dont le cratère jette continuellement de la fumée et a fait éruption en 1842 : le mont
Reignier, très-actif aussi la même époque; les monts
Baker, Edgecombe et Fairweather, encore enflammés et
couverts de scories.

La petite île Lazare près de Sitka, par le 57e degré de
latitude, renferme un volcan dont la dernière éruption
date de 1796. En 1806, on trouva un lac dans le cratère, alors en repos. Des sources chaudes jaillissaient
dans le voisinage.

Vers le 60° parallèle se dresse un volcan géant, le
mont Élie, dont les navigateurs aperçoivent la cime fumante à 50 lieues de la côte. La chaîne des montagnes,
qui jusque-là se détournait du nord vers l'ouest, se replie
subitement vers le sud-ouest en formant la péninsule
d'Alaska, continuée par la chaîne très-volcanique des
îles Aléoutiennes à travers toute la largeur du Pacifique
septentrional.

Mac-Clure, dans son voyage sur l'*Investigation* à la
recherche du passage nord-ouest, signale à l'est de l'em-

bouchure de la rivière Mackensie, par 69° 57′ de latitude, les *volcans de la baie de Franklin*. Suivant la description qu'en donne le missionnaire Miertsching, in-
terprète de l'expédition, c'étaient principalement ce
qu'on appelle des feux terrestres ou émanations de salses. Quarante grandes colonnes de vapeur sortaient de
monticules coniques formés de terre glaise. L'eau fut
reconnue très-chaude au fond de la mer. Pendant la
nuit on voyait du vaisseau les apparitions lumineuses et
on sentait, à une assez grande distance, une forte odeur
de soufre.

VI

VOLCANS DU PACIFIQUE ET DE L'OCÉAN INDIEN

Le Cercle de feu. — Chaîne volcanique des Aléoutiennes et du Kamtchatka. — Volcans du Japon. — Volcans de Java. — Disparition du Penpendajan. — Barren-Island. — Éruptions du Timboro et du Gunung-Api. — Iles volcaniques de l'Océanie. — Les Galapagos. — Le Mauna-Roa. — Volcans de la Nouvelle-Zélande. — Erebus et Terror. — Volcan de Bourbon. — Éruption du Djebel-Dubbeh. — Les ruines de Sodome.

LE CERCLE DE FEU

Si l'on imagine un instant le pôle nord placé au milieu de l'Europe méridionale, le globe terrestre sera divisé par l'équateur correspondant en deux hémisphères présentant de remarquables contrastes.

L'hémisphère boréal renfermera tous les continents, la partie extrême de l'Amérique méridionale exceptée, et ces continents seront groupés autour de l'Europe, mieux placée encore comme centre du globe. L'hémisphère austral, au contraire, sera presque entièrement maritime.

En outre, sur ce dernier, couvert par l'immense océan Pacifique, les volcans seront en beaucoup plus grand

nombre que sur l'hémisphère continental. Avant l'époque assez récente de sa découverte, on ne connaissait
pas le véritable domaine de l'activité souterraine actuelle
du globe.

La longue chaîne qui garnit de ses cônes brûlants le
bord occidental de l'Amérique a déjà été décrite. Parallèlement à la côte opposée de l'Asie et à travers les
groupes d'îles qui s'étendent depuis le Kamtchatka jusqu'à la Nouvelle-Zélande, apparaît une série semblable,
quelquefois plus large et ayant des branches latérales.
Deux volcans aperçus vers le pôle austral, paraissent indiquer qu'elle se continue à travers le continent qui
couvre probablement une grande partie de la zone glaciale, et qu'elle se lie ensuite, par les îles Shetland, couvertes aussi de cratères et de laves, aux géants enflammés des Andes.

Léopold de Buch a nommé *Cercle de feu* cette ligne
volcanique qui forme un des traits les plus caractéris-
tiques de la surface terrestre. L'océan Pacifique est rempli d'une multitude d'îles dans lesquelles existent des
cratères, mois on distingue principalement deux zones
ignées, dont l'une se dirige des Philippines jusqu'à l'île
de Pâques, et l'autre du Japon jusqu'au cratère colossal
de l'île Sandwich.

Si d'un point éloigné de la terre on pouvait embrasser
le vaste hémisphère terrestre d'un seul coup d'œil, on
verrait quelquefois, dans cette région volcanique, plus
de cent bouches en éruption groupées au milieu de la
nuit en une constellation splendide.

L'illustre géographe allemand, Carl Ritter, ajoute à
la description de ces lignes de feu, qui révèlent sans

doute d'immenses fissures de l'écorce terrestre, de très-intéressantes considérations.

« La force de soulèvement, dit-il, devait se faire sentir autrefois avec une activité bien autrement puissante dans le bassin tout entier de la mer du Sud. En effet, indépendamment des îles que nous apercevons, d'autres, encore invisibles, soulevées par milliers, se sont approchées de la surface de l'eau sous forme de bas-fonds, d'écueils, de récifs, et, pour peu que le mouvement des flots le permette, elles servent de point d'appui aux superstructures d'immenses colonies de polypes et de madrépores. Mais aujourd'hui la force expansive de la vapeur souterraine semble, en se distribuant sur tous ces milliers de points, devenir impuissante à faire surgir du sein des flots ce continent sous-marin, dont l'étendue n'est pas encore déterminée par une suite de sondages assez complète.

«Cette action, s'appliquant à de vastes espaces et non pas seulement à des points isolés, se montre encore dans les soulèvements de l'ancien et du nouveau monde, qui entassent leurs plus hauts plateaux et leurs plus orgueilleuses montagnes autour de l'anneau volcanique, tandis que du côté opposé, vers l'intérieur du continent, les grandes plaines descendent dans l'océan Atlantique du nord et les vastes dépressions arctiques. La formation continentale contraste ainsi avec la grande formation insulaire, et toutes les deux servent de base à l'histoire du passé et à celle de l'avenir.

« A l'ouest de la puissante rangée de volcans de l'Océanie, et dans leur proximité immédiate, s'étend le vaste et beau pays de la Nouvelle-Hollande, qui, dépourvu de tout volcan à nous connu, n'a pu être soulevé plus haut par la force défaillante. Même la Grande Barrière, si riche en coraux et en récifs dangereux, qui se dresse entre ce continent et l'île allongée de la Nouvelle-Guinée, n'a pu émerger de la mer, ou bien a été replongée dans les vagues.

« Cette vaste dépression de tout un continent se continue aussi vers le nord, entre le golfe de Carpentaria et le sud-ouest de Malacca, le long de l'isthme de la Sonde, percé de si nombreux détroits. Au delà, les basses terres de l'Inde, du Tonkin, de la Chine orientale, se prolongent jusqu'à la rencontre du plateau central asiatique, qui élève, vis-à-vis des volcans du Japon, l'infranchissable muraille des côtes escarpées de Leaostong et de la Corée.

« Un phénomène analogue se montre dans les deux Amériques. Là aussi, toutes les grandes dépressions commencent immédiatement au delà des volcans des Cordillères et des plateaux élevés, étroits et allongés, que cette chaîne porte sur ses épaules. Remarquable analogie ! pas plus que dans le continent australien, aucun volcan ne s'élève dans ses plaines immenses, dont la pente, comme celle des fleuves, descend du côté extérieur du cercle volcanique. Parsemées de quelques groupes de montagnes modestes, ces plaines s'abaissent et s'aplatissent de terrasse en terrasse, jusqu'à l'Atlantique, tandis que le côté intérieur plonge dans le Pacifique par une pente escarpée. »

CHAINE VOLCANIQUE DES ILES ALÉOUTIENNES ET DU KAMTCHATKA

Entre l'Amérique et l'Asie septentrionale, le sol de la mer forme une saillie dont l'énergie volcanique est sans cesse active. Presque chaque point de l'archipel aléoutien a présenté les phénomènes d'apparition et de disparition d'îles dont le groupe des Açores a donné un exemple, et dont nous nous occuperons encore plus loin. On y compte plus de trente-quatre volcans ayant fait éruption à des époques récentes. Les navigateurs ressentent fréquemment à bord de leurs navires les secousses de tremblements de terre qui agitent ces îles et aperçoivent de la fumée au-dessus de la plupart de leurs pics.

A peu près à angle droit avec la chaîne aléoutienne s'étend celle des volcans du Kamtchatka, au nombre de quatorze ; la plupart sont encore actifs. Le Klintchewskaja-Sopka, dont la hauteur atteint 5,000 mètres, les domine. Ils ont eu presque tous des éruptions de laves très-abondantes et on rencontre aussi en divers endroits des terrains qui ont la plus grande analogie avec les malpays du plateau mexicain.

Au sud du Kamtchatka, sur la prolongation de sa ligne de volcans, les îles Kouriles en présentent dix actuellement enflammés. Nous les mentionnons seulement, car on les a rarement visités jusqu'aujourd'hui. En général, l'ardent foyer des régions boréales dont il vient d'être question, et qui est d'une importance très-grande pour la science, n'a pas encore été suffisamment exploré par les voyageurs.

VOLCANS DU JAPON

Près de l'île de Jézo, les naturalistes attachés à l'expédition de la Pérouse trouvèrent une baie jonchée de laves rouges poreuses et de scories. Sur l'île elle-même s'élèvent dix-sept montagnes coniques qui, pour la plupart, paraissent être des volcans éteints. L'une d'elles est nommée, par les Japonais, la *Montagne-du-Mortier*, à cause de la dépression profonde du cratère, où quelques signes indiquent une récente inflammation. Sur la petite île Risiri, le pic volcanique de Langle s'élève de la mer jusqu'à une hauteur de 1,700 mètres.

Dans les autres grands îles du Japon, on cite sept volcans actifs, deux dans Niphon et cinq dans Kiousiou. Le volcan Wunzen, qui a la taille du Vésuve, dispersa son sommet, en 1793, par d'épouvantables explosions. Le Fousi-Yama atteint 3,800 mètres; c'est un cône d'une remarquable régularité, tronqué seulement auprès du sommet et ayant un vaste cratère ovale. Le soulèvement de cette montagne, vénérée par les Japonais, qui y font de fréquents pèlerinages, est rapporté par leurs historiens, à l'année 286 avant notre ère. « Une vaste étendue de terrain s'abaisse, dit l'un d'eux, dans

la contrée d'Omi, un lac se forme, et le volcan Fousi
apparaît. »

Au nord de Yedo, se trouve l'Asama-Yama, le plus
central des volcans actifs, qui eut une éruption très-
désastreuse en 1785 et ne s'est pas apaisé depuis.

Fig. 57. — Le Fousi-Yama, dans le golfe de Yedo.

Parmi les petites îles, deux portent le nom d'Iwo-
Sima, ou îles de soufre, et jettent constamment de la
fumée. Les cratères éteints et les cônes de trachyte sont
d'ailleurs fréquents dans toutes les chaînes de montagnes du Japon.

VOLCANS DE JAVA — DISPARITION DU PEPENDAJAN

L'île chinoise de Formose, très-riche en houille, renferme quatre volcans, dont l'un, appelé Tschy-Kang, ou montagne Rouge, a eu de grandes éruptions et possède aujourd'hui un cratère-lac, rempli d'eaux brûlantes. Elle marque le point à partir duquel les lignes de soulèvement prennent la direction du nord au sud jusqu'au delà de l'équateur.

Ici s'ouvre la partie la plus active du Cercle de feu. Dans le groupe de l'Asie méridionale on ne compte pas moins de cent vingt volcans, dont la moitié a été récemment enflammée, et il est probable que, quand on pourra explorer l'intérieur des grandes îles, on en trouvera encore d'autres.

Plus de la moitié des quarante-cinq cratères de Java vomissent encore des flammes. La mer qui les baigne est célèbre par ses orages et ses tempêtes. Il y a quelquefois dans l'air une si grande quantité de nuages chargés d'électricité, qu'on aperçoit plus de vingt trombes à la fois. Dans cette partie de la zone torride, les feux terrestres rivalisent avec le feu des rayons solaires.

Maha-Méru, le nom sanscrit du plus grand des volcans de Java, rappelle le temps où les Malais reçurent la civilisation indienne. C'est un souvenir du Mérou, la montagne mythique qui, dans les poëmes de l'Inde, représente le trône de Brahma.

Le Gunung-Tengger est remarquable par son grand cratère de forme circulaire, qui a un diamètre de près de 7 kilomètres. Sur la plaine qui en forme le sol, à 600 mètres au-dessous de l'enceinte, s'élèvent quatre cônes d'éruption dont un seul, le Bromo, n'a cessé que très-récemment de lancer des flammes. De 1838 à

Fig. 58. — Le Gunung-Tengger à Java.

1842, il s'y est formé un lac dont les eaux sont chaudes et acides.

Le Gunung-Pependajan a eu, en 1772, l'éruption la plus violente qui ait ravagé l'île depuis les temps historiques. On a des relations très-différentes de cet épouvantable événement. Selon les uns, entre le 11 et le 12 août, après la formation d'un grand nuage lumineux, la montagne disparut tout entière dans les entrailles de la terre, et un terrain de 28 kilomètres de long sur 12 de large s'engloutit avec lui. D'autres disent que le sommet du volcan fut détruit par des explosions successives, lançant des cendres et d'énormes fragments sur la contrée environnante, où quarante villages furent ensevelis. Deux autres volcans situés, l'un à 300 et l'autre à 560 kilomètres du Pependajan, en ligne droite, s'enflammèrent en même temps que lui, mais plusieurs cônes intermédiaires de la chaîne restèrent inactifs. Ce fait indique le caractère complexe de la communication qui doit exister entre les fissures d'éruption à travers lesquelles les matières volcaniques se font jour.

Le Gunung-Gunter, ou montagne du Tonnerre, a fait entendre des bruits formidables pendant plusieurs années consécutives. Cinq grands torrents de lave, dont le dernier date de 1800, ont coulé du sommet et atteint le pied du volcan à différentes époques. Dans l'éruption de 1800 il vomit, outre cette lave, un énorme courant de boue blanche, acide, sulfureuse, provenant sans doute d'une solfatare, et qui dévasta la surface d'une vallée auparavant fertile. Plus loin, nous aurons à mentionner d'autres éruptions boueuses, plus fréquentes à Java que dans les autres parties du globe.

BARREN-ISLAND — ÉRUPTIONS DU TIMBORO ET DU GUNUNG-APÌ

Les îles de Sumatra, Célèbes, Bornéo, plus grandes que Java, comptent relativement moins de volcans actifs. Sur la première, on en signale sept, sur la seconde onze, et un seul sur la dernière. Près de cent autres volcans, la moitié encore en flammes, se trouvent disséminés sur la multitude des petites îles environnantes.

Le groupe de Nicobar et d'Andaman, prolongement septentrional de la chaîne volcanique de Sumatra, renferme, selon Poulett-Scrope, le type le plus remarquable du volcan insulaire, consistant en un cône actif entouré par les remparts d'un cratère ancien dans lequel la mer entre par une brèche. C'est Barren-Island, que les navigateurs ont aussi appelée l'île Déserte. Sa forme actuelle provient probablement d'une explosion qui a fait sauter un cône de très-grande dimension. Celui qui reste aujourd'hui a environ 1,200 mètres de haut ; on y observe des éruptions bruyantes qui se succèdent à des intervalles de dix minutes.

En 1638, le cône colossal appelé le Pic, dans l'île Timor, disparut tout à coup et fut remplacé par un abîme contenant aujourd'hui un lac. Jusqu'alors ce volcan, en activité continuelle, servait de phare aux navigateurs.

L'île de Sambava est célèbre par une terrible éruption de son volcan, le Timboro, qui eut lieu en 1815, et sur laquelle nous empruntons les détails suivants à

une relation de sir Stamford Raffles. « L'éruption commença le 5 avril, fut des plus violentes le 11 et le 12,
et ne cessa complétement qu'en juillet. Il y eut d'abord
des détonations qui furent entendues de Sumatra, à
près de 1,500 kilomètres de distance, et prises pour
des décharges d'artillerie. Trois colonnes distinctes de
flammes s'élevèrent à une immense hauteur, et toute
la surface de la montagne parut bientôt couverte de
laves incandescentes, qui s'étendirent à d'énormes distances; des pierres, dont quelques-unes grosses comme
la tête, tombèrent à plusieurs kilomètres à la ronde, et
les fragments dispersés dans les airs causèrent une
obscurité totale. On ajoute qu'une trombe accompagna
le commencement de l'éruption, et enleva les toitures,
les arbres et même les hommes et les chevaux. Le rivage auprès de la ville de Timboro s'affaissa jusqu'à
une profondeur de 6 mètres. Les explosions durèrent
trente-quatre jours, et l'abondance des cendres expulsées fut telle, qu'à Java, à 500 kilomètres de distance,
elles causèrent en plein midi une nuit complète et cou-
vrirent le sol et les toits d'une couche de plusieurs pouces d'épaisseur. A Sambava même, la région voisine du
volcan fut entièrement dévastée et les habitations furent
détruites avec 12,000 habitants. Trente-six personnes
seulement échappèrent au désastre. Les arbres et les
pâturages furent enterrés profondément sous la ponce
et les cendres. A Bima, à 65 kilomètres du volcan, le
poids des matières qui tombèrent fut tel, que les toitures furent enfoncées. La ponce flottante dans la mer
formait une île d'un mètre d'épaisseur que les vaisseaux eurent beaucoup de peine à traverser. »

Fig. 59. — Barren-Island.

A la pointe septentrionale de l'île de Sanguir, le volcan d'Abo, qui a couvert de cendres, en 1711, un grand nombre de villages, s'est enflammé tout à coup au mois de mars 1856, et a causé de grands désastres par la lave, les cendres, les pierres et les torrents de boue qu'il a lancés. Les volcans des Célèbes se trouvent au nord-est de l'île. Près d'eux jaillissent des sources sulfureuses bouillantes.

Nous signalerons encore dans l'île de Banda, l'une des Moluques, le Gunung-Api, ou Montagne de Feu. Ce volcan n'est presque jamais en repos, et de 1586 à 1820, il a eu douze périodes d'éruption très-violentes, rejetant des courants de lave, des scories et des flammes. Au mois de juin 1820, il lançait des pierres incandescentes aussi grandes, dit une relation, « que les habitations des indigènes. » Ces pierres s'élevèrent à des hauteurs de 1,200 mètres au-dessus de l'île.

ILES VOLCANIQUES DE L'OCÉANIE — LES GALAPAGOS

Le vaste archipel qui s'étend d'un tropique à l'autre, au milieu de l'océan Pacifique, comprend plus d'un millier d'îles. Leur forme, en général annulaire, semble indiquer pour toutes une origine volcanique, mais les recherches de l'éminent naturaliste Ch. Darwin ont montré que les *attols*, ou îles madréporiques, ne sont pas, comme on l'a d'abord cru, des constructions élevées par les zoophytes sur des cratères de soulèvement. Ces prodigieuses masses de coraux qui représentent le travail de

tant de siècles, couronnent des montagnes ordinaires
soumises à un très-lent affaissement. Il n'y a pas réellement, dans toute la région, autant de volcans que
dans la seule île de Java. Les navigateurs les ont signa-
lés çà et là dans les intervalles qui séparent les groupes
d'attols. En général, un mouvement du sol sous-marin,
inverse de celui qui abaisse ces îles, soulève peu à peu
les îles volcaniques. Leur hauteur n'est pas grande :
quelques cratères ne sont élevés que de 90 à 100 mètres
au-dessus du niveau de la mer. On cite plusieurs exemples d'éruptions périodiques à courts intervalles.

Un des groupes volcaniques les plus remarquables
est celui des îles Galapagos, distant seulement d'environ
400 kilomètres de la côte d'Amérique. Il a été décrit de
la manière suivante par Darwin, après qu'il l'eut visité
sur la corvette *le Beagle*, commandée par le capitaine
Fitz-Roy, qui, depuis, a rendu de si grands services à
la météorologie pratique.

« ... Le 17 septembre, nous abordâmes à l'île
Chatam. Son profil se dessine arrondi et peu accentué,
brisé çà et là par des monticules, débris d'anciens volcans. Rien de moins attrayant que le premier aspect :
un noir chaos de laves basaltiques, jeté au milieu de vagues furieuses, couvert de broussailles rabougries donnant à peine signe de vie. Le sol, desséché sous l'ardeur
du soleil de midi, embrasait l'air étouffé et suffocant
comme l'haleine d'une fournaise.

« ... J'arrivai sur un rivage où s'élevaient d'innombrables cônes noirs et tronqués. Du sommet d'une petite éminence j'en comptai soixante, tous terminés par
un cratère plus ou moins parfait, composé souvent d'un

simple cercle de scories rouges cimentées ensemble. Ils ne dépassaient la plaine de lave que de 20 à 30 mètres ; aucun n'avait été très-récemment actif. La montagne centrale de Chatam, qui a 1,200 mètres de haut, est un volcan à cime plate avec des coulées de lave sur les flancs supérieurs. La base est parsemée de petits cratères. On dirait que la surface entière de l'île a été perforée comme un crible par les vapeurs souterraines. La lave, soulevée dans son état fluide, a formé çà et là de gigantesques boursouflures. Ailleurs les cimes des cavernes de semblable formation se sont affaissées, laissant béantes des fosses circulaires à bords escarpés. La coupe régulière de ces nombreux cratères donnait au pays un aspect artificiel qui me rappela les parties du Straffordshire où abondent les fonderies de fer. Le jour était d'une chaleur brûlante, et c'était un rude labeur que de gravir à travers un labyrinthe de broussailles ce sol inégal et tranchant, mais je fus bien récompensé de ma peine par l'étrangeté de ce site cyclopéen. »

LE MAUNA-ROA

Le foyer d'activité le plus puissant de l'Océanie se trouve à l'extrémité septentrionale de l'archipel, dans les îles Sandwich, qui sont entièrement volcaniques. Hawaï, à peine plus grande que la Corse, sert de base à un volcan de 4,500 mètres, qui dépasse par conséquent de 500 mètres le pic de Ténériffe. C'est le Mauna-Roa, encore enflammé au milieu de quelques cônes éteints.

Les cratères du sommet de ce volcan, dont le plus grand a près de 4,000 mètres de diamètre, présentent habituellement un sol ferme, composé de laves refroidies et de scories, au milieu duquel plusieurs orifices émettent de la fumée. On ne remarque aucun cône de cendre ; c'est la lave qui jaillit aussitôt dans les éruptions. En 1833 et 1843 elles durèrent plusieurs semaines, et déversèrent des coulées larges de cinq à sept milles. Celle de 1855 commença par un jet brillant, divisé en des milliers de gouttes, qui s'éleva à environ 150 mètres au-dessus du sommet du dôme. Immédiatement après, une émission de laves se fit par une ouverture plus basse de 600 mètres, sur le flanc de la montagne. Cette coulée était énorme; elle s'étendit avec rapidité dans la vallée qui sépare le Mauna-Roa du volcan voisin de Mauna-Kea, atteignant une largeur de 5 kilomètres qui doubla bientôt. La marche de ce courant de feu ne s'arrêta qu'au bout de dix mois, après un trajet de 112 kilomètres, pendant lequel il avait emporté des forêts entières.

Le Rév. M. Coan, qui visita alors la montagne, raconte qu'il traversa plusieurs fois la surface durcie de la lave, sous laquelle elle coulait à l'état liquide comme l'eau d'une rivière gelée. « La croûte superficielle, dit-il dans sa relation [1], se fendait avec bruit, en émettant des vapeurs minérales en mille endroits. Sur le bord étaient des arbres écrasés, à demi brûlés et tombant en cendres sur la lave durcie... Nous passâmes plusieurs crevasses,

---

[1] *Journal de la Société géologique de Londres*, 1856.

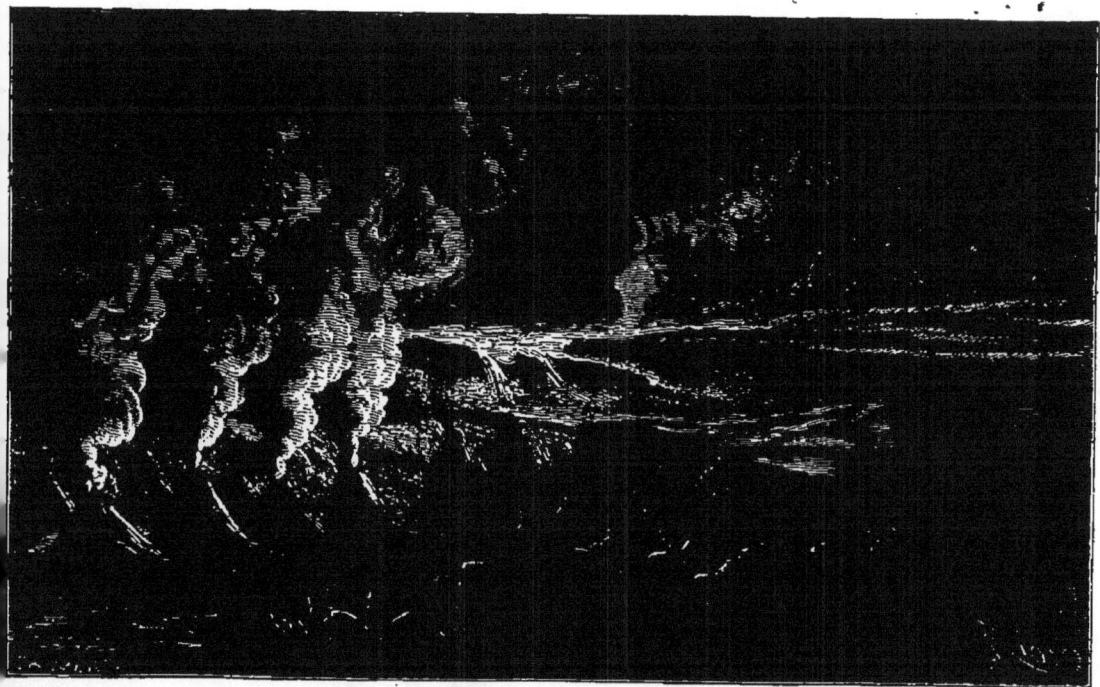

Fig. 40. — Cratère du Mauna-Roa dans l'île Havaï.

à travers lesquelles nous regardions le fleuve igné qui se précipitait dans ses canaux pétrifiés avec une rapidité de plusieurs kilomètres à l'heure. Cette lave était incandescente et avait une épaisseur de 25 à 100 pieds; les ouvertures ou crevasses de la surface mesuraient de 1 à 40 brasses de large. Nous jetâmes dans ces crevasses de grosses pierres, qui, dès qu'elles touchaient la surface du torrent, se dissipaient soudainement en flammes. Nous pouvions voir aussi des cataractes ignées souterraines roulant dans des précipices de 10 à 20 mètres. »

Les laves sont d'une fluidité extraordinaire, et le professeur Dana a remarqué à ce sujet des faits curieux. Quand elles passent au milieu des forêts, de nombreuses branches d'arbres en retiennent des parcelles, de sorte qu'on y voit pendre, de distance en distance, des stalactites semblables à des glaçons formés par la gelée. De plus, ces branches enveloppées par la matière en fusion demeurent intactes ; c'est à peine si l'écorce est quelquefois carbonisée. On suppose qu'elles étaient mouillées au moment où la lave les a atteintes, et que la vapeur subitement dégagée autour d'elles les a préservées.

Un autre effet de cette fluidité, c'est la production, par la lave projetée en l'air, de milliers de fils de verre très-fins que le vent disperse dans toute l'étendue de l'île. L'imagination des indigènes les transforme en cheveux de la déesse Pellé, protectrice de la contrée. Suivant une légende, Pellé habitait d'abord l'île Mani, où un volcan, maintenant éteint, l'Halea-Kava, répandait probablement aussi du verre capillaire.

M. Dana a décrit plusieurs amas de lave de formes singulières, qu'il a rencontrés sur les pentes du volcan. C'étaient, en apparence, des fontaines pétrifiées, des colonnes ou des bouteilles droites. Quelques-unes avaient au moins 100 pieds de hauteur; l'ouverture qu'on voyait au sommet résultait de l'explosion des gaz qui avaient lancé les jets liquides, successivement coagulés.

Le phénomène le plus remarquable que présente le Mauna-Roa est le cratère de Kilauea, vaste lac de lave situé sur son versant oriental, à 1,200 mètres du niveau de la mer. « Son plus grand diamètre, dit Humboldt, a 5,000 mètres, et le plus petit 2,500. A l'état ordinaire, la lave proprement dite ne remplit pas toute cette cavité, mais seulement un espace qui a en longueur 4,000 et en largeur 1,600 mètres. Le spectacle que l'on découvre au bord de ce cratère laisse une impression solennelle de calme et de repos. L'approche d'une éruption ne s'annonce pas par des tremblements de terre ou par des bruits souterrains, mais par l'élévation et l'affaissement soudains de la lave dans le grand bassin. Jamais ce bassin n'a débordé; la lave descend à travers des canaux souterrains et par des ouvertures qui se forment plus bas, à la distance de 4 ou 5 milles géographiques; alors le niveau s'abaisse dans le Kilauea à la suite de ces éruptions déterminées par une pression énorme. »

VOLCANS DE LA NOUVELLE-ZÉLANDE

A l'extrémité australe de l'Océanie, les deux grandes îles qui forment cette contrée présentent des phénomènes volcaniques semblables à ceux de l'Islande. Une chaîne de montagnes couvertes de neiges éternelles les

Fig. 41. — Sources thermales de la Nouvelle-Zélande.

traverse, et renferme plusieurs volcans en activité. Des roches basaltiques, des coulées de lave d'une grande étendue, de vastes espaces remplis de sources thermales, apparaissent fréquemment dans les sites grandioses que ces îles présentent au voyageur.

Les principaux volcans se trouvent placés dans l'île du nord, sur une fissure allant d'une mer à l'autre et perpendiculaire à la chaîne longitudinale des montagnes. Au point d'intersection s'élève le plus actif d'entre eux, le Tangariro, haut de 2,000 mètres. Le plus grand, le mont Edgecombe, éteint aujourd'hui, est situé sur le rivage de la mer.

Une ligne de lacs suit la chaîne des volcans; autour du plus vaste, le lac Taupo, et au centre de l'île, on voit dans un rayon de deux milles le sol recouvert de solfatares et de sources thermales qui, comme les geysers d'Islande, forment des dépôts de silice.

L'isthme d'Auckland, sur lequel est située la capitale de l'île, présente de nombreuses traces d'une activité volcanique ancienne à côté des champs qu'elle a puissamment fertilisés.

EREBUS ET TERROR

De 1838 à 1841, les expéditions envoyées par la France, l'Angleterre et les États-Unis, découvrirent, au delà des grandes banquises australes, une série de côtes qui paraissent appartenir à un continent assez étendu. Les forces puissantes par lesquelles il a été soulevé au milieu des mers profondes de ces régions y sont encore en activité; de gigantesques volcans dressent leurs cimes au-dessus de ces terres glacées, et d'immenses jets de flammes sortant de leurs cratères éclairent la

Fig. 42. — Le mont Erebus.

sombre nuit qui les enveloppe pendant la moitié de l'année.

Les deux premières montagnes ignées aperçues reçurent les noms des bâtiments de l'expédition anglaise, l'*Erebus* et le *Terror*, commandés par l'intrépide capitaine James Ross. Nous trouvons dans le journal du chirurgien Mac Cornick une description de l'aspect grandiose des terres nouvelles :

« Le 11 janvier 1841, à la latitude de 71° sud et la longitude de 171° est, le continent antarctique fut aperçu pour la première fois. Une chaîne de montagnes, aux sommets innombrables réunis en groupes distincts et couverts de neiges éternelles, apparut au-dessus de la mer, resplendissant avec magnificence au soleil. Un pic, semblable à un immense cristal de quartz, s'élevait à la hauteur de 2,400 mètres, un autre à 2,800 et un troisième à 3,000 mètres. A côté des couches blanches de la glace plusieurs coulées de lave et de basalte descendaient vers la côte, où elles se terminaient en promontoires abrupts.

« Le 28, à la latitude de 77° et à la longitude de 167°, on découvrit le mont Erebus, volcan enveloppé de glace et de neige de la base au sommet, d'où s'échappait une colonne de fumée qui s'étendait au-dessus d'un grand nombre d'autres cônes dont cette contrée extraordinaire est remplie. La hauteur de ce volcan au-dessus de la mer est de 4,000 mètres, et le mont Terror, cratère éteint qui se trouve près de lui, atteint la hauteur un peu inférieure de 3,600 mètres. A sa base se trouve un cap d'où une barrière de glace s'étend vers l'ouest et empêche tout progrès vers le sud. Nous avons suivi ce rempart perpendiculaire dans une étendue de 300 milles... »

Les volcans de l'océan Indien sont placés dans le voisinage de la grande île de Madagascar, qui paraît renfermer elle-même des volcans actifs, mais très-peu connus jusqu'à présent. A l'extrémité nord du canal de Mozambique, la plus grande des îles Comores renferme un cône enflammé. Le groupe des Mascareignes, à l'est, présente les phénomènes les plus remarquables. L'île Maurice est bordée par une ceinture de roches basaltiques. A partir de sa plaine centrale on peut suivre de nombreux courants de lave qui se sont frayé un chemin vers la mer par plusieurs brèches. Des cônes se dressent en divers points et ont eu, ainsi que la montagne principale, appelée le Piton, des cratères en éruption dans les temps modernes.

« Il existe à l'île Bourbon un volcan qui paraît lui avoir donné naissance et dont les éruptions, fort abondantes et presque continuelles, ne cessent de l'agrandir. Des cratères éteints attestent sa présence plus ou moins ancienne sur tous les points de l'île. Il occupe aujourd'hui la partie sud-est, et c'est une exposition qu'il a dû et qu'il doit toujours conserver. En effet, en supposant qu'une première éruption sous-marine ait formé, à une époque très-reculée, le noyau de l'île, les cendres, les étincelles, et toutes les parties les plus légères ont dû être chassées par le vent dans le nord-ouest. Les laves elles-mêmes, subissant plus ou moins l'action de la lame, ont dû s'étendre plus facilement sous le vent, où elles recontraient moins d'obstacles. Tout ce qui a pu

Fig. 43. — Le Piton (Ile Bourbon).

se détacher de ces laves et être roulé par les flots a formé du même côté un commencement d'alluvion, et, à la longue, la même cause continuant à produire les mêmes effets, le cratère primitif s'est trouvé plus rapproché de la mer du côté du vent que du côté opposé.

« Cependant, à chaque éruption, les laves refroidies
ont dû former, autour du cratère d'où elles sortaient,
un bourrelet qui, s'élevant toujours en recevant de nouvelles couches, n'a pas tardé à former une montagne.

Fig. 41. — Cratère du volcan de Bourbon.

Lorsque cette montagne a eu atteint une certaine hauteur, le cratère s'est trouvé avoir une profondeur et des
dimensions que la lave avait à parcourir et à remplir
avant de trouver une issue. On conçoit que l'expansion
des gaz a dû exercer alors, sur la lave et sur toutes les
parties solides qui la contenaient, une pression d'autant
plus forte que la résistance était plus grande, et, comme

le côté du vent a toujours été le moins chargé, c'est de
ce côté que la résistance a dû être vaincue. De nouveaux
cratères se sont ainsi ouverts et s'ouvriront successivement, toujours dans le voisinage de la mer, et toujours
du côté du vent. Ces convulsions terribles, l'ouverture

Fig. 45. — Le Grand-Brûlé.

de nouveaux cratères et la formation de nouvelles montagnes, qui en est la conséquence, expliquent parfaitement les pitons élevés, les ravines profondes, les cirques immenses qui remplissent tout l'intérieur de l'île,
aussi bien que les alluvions qui s'étendent à la mer
d'un côté, et les remparts accores qui la bordent de
l'autre. Ainsi s'expliquent également la qualité supérieure des terres, leur plus grande profondeur, la décomposition plus avancée des laves dans la partie sous

le vent, et les contrastes que le géologue peut remarquer
entre cette partie de l'île et celle, de formation évidemment plus récente, qui est exposée au sud-est.

« Le Grand-Brûlé, qui s'étend aujourd'hui sur une

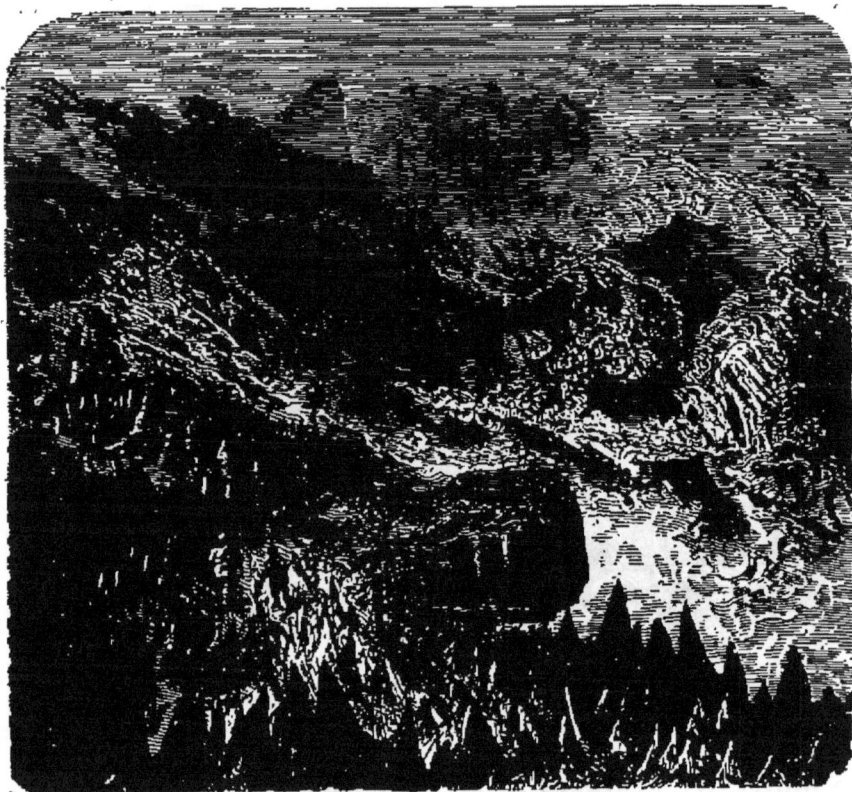

Fig. 46. — Le cratère du Grand-Brûlé.

largeur de plusieurs lieues, n'offre encore aucune trace
de végétation. C'est un plan incliné et inégal rempli
d'aspérités aiguës, qui s'élève et change sans cesse de
forme et d'aspect par l'effet des ruisseaux de laves qui
le sillonnent annuellement, tantôt dans une partie et
tantôt dans l'autre.

« Ce pays désolé est destiné à devenir, avec le temps, une terre fertile ; et quelques années ne se seront pas écoulées que déjà d'innombrables fougères, trouvant à s'y alimenter, y prépareront la couche légère d'humus où doivent prendre naissance de véritables forêts. Tous les environs du volcan de Bourbon attestent, en l'accomplissant avec une incroyable promptitude, cette métamorphose [1]. »

ÉRUPTION DU DJEBEL-DUBBEH — RUINES DE SODOME

Dans sa partie septentrionale, l'océan Indien baigne des côtes qui ont été connues dans les temps les plus anciens comme des foyers d'activité volcanique. On trouve dans les écrits des écrivains arabes du moyen âge la mention de fréquentes éruptions qui ont eu lieu au sud de l'Arabie, dans la chaîne des îles Zobayr, dans le détroit de Bab-el-Mandeb, dans celui d'Ormuz et dans la partie orientale du golfe Persique.

Un volcan situé près de Médine a vomi d'énormes torrents de lave en 1254 et 1276, mais il paraît éteint depuis cette époque. Le promontoire d'Aden est entièrement volcanique et la ville elle-même est bâtie au fond d'un cratère ébréché. Dans la mer Rouge, l'île de Djebel-Taïr est un volcan constamment enflammé. Nous citerons quelques détails relatifs à une éruption récente

---

[1] *Album de l'île Bourbon*, par Adolphe d'Hastrel : notice de M. Dejean de la Bâtie.

du Djebel-Dubbeh, qui s'élève sur la rive arabe de cette mer :

« Dans la nuit du 7 au 8 mai 1861, écrit le capitaine Playfair, les habitants d'Edd ont été réveillés par une secousse de tremblement de terre, suivie de plusieurs autres qui se continuèrent avec de petites interruptions pendant près d'une heure ; au lever du soleil une grande quantité de cendres blanches tomba sur la ville comme une pluie ; à neuf heures ces cendres changèrent d'aspect et parurent ressembler à de la terre rouge. Peu de temps après, cette pluie se fit si épaisse que les ténèbres devinrent intenses et qu'on alluma les lampes dans les maisons. Il faisait plus noir que dans la nuit la plus obscure, et toute la place était couverte de cendres à la hauteur du genou. Le 9, la pluie de cendres diminua un peu, et l'on vit dans la nuit des colonnes de feu et de fumée épaisse s'élever du Djebel-Dubbeh, situé à une journée de marche dans l'intérieur. Le Djebel-Dubbeh a des habitants ; mais pas un n'était encore arrivé à Edd à mon départ de cette localité. On n'avait jamais entendu parler d'éruption volcanique à Edd ; jugez de la consternation générale. »

Lorsqu'on put approcher du volcan, on vit qu'une effroyable catastrophe avait eu lieu : les villages de Moobda et de Rambo étaient ensevelis sous les matières lancées par le cratère.

L'existence de vastes formations basaltiques et de plusieurs cratères a été constatée dans la presqu'île du Sinaï.

La Palestine renferme aussi beaucoup de vestiges de l'action volcanique ; et la Syrie, en général, est soumise à de très-violents tremblements de terre. La longue vallée arrosée par le Jourdain, et occupée en partie par le lac de Tibériade et la mer Morte ou lac Asphaltite, suit très-probablement une profonde fissure de l'écorce terrestre. Sur les rives de ces nappes d'eau, on rencontre beaucoup de ponce, de bitume et de soufre. La destruction des villes de Sodome, Gomorrhe, Séboïm, Ségor et Adama, ensevelies, selon la tradition, sous une pluie de feu, paraît devoir être attribuée à l'action volcanique. De récentes recherches confirment cette conjecture.

« Nous rentrâmes, dit M. E. Delessert [1], dans le désert et l'aridité ; mais cette aridité était amplement expliquée dans cet endroit par le terrain que nous foulions aux pieds ; nous étions sur le terrain de Sodome, et nous allions toucher à l'extrémité de la mer Morte ; à notre droite, nous avions un cratère de volcan masqué par une colline, mais bien reconnaissable à ses pans perpendiculaires et taillés en amphithéâtre : c'est l'Ouad-ez-Zouera ; à gauche, la mer se rétrécissant, et bordée à l'est par des rochers immenses presque noirs ; et enfin, devant nous, une montagne isolée d'environ 5 kilomètres de largeur, et auprès de laquelle nous étions obligés de passer pour atteindre le sud et pouvoir ensuite traverser la pleine immense qui sépare l'ouest de l'est. C'est une montagne célèbre dans l'histoire : nous n'avions plus devant nous un sol ordinaire fertile ou non : c'était une espèce de croûte de sel, mélangée d'un peu de terre, sur laquelle les pieds de nos chevanx marquaient une assez profonde empreinte ; la teinte de

---

[1] *Voyage aux villes maudites.*

la montagne était jaunâtre en général, et sa forme à
peu près ronde. A environ 2 kilomètres avant d'arriver à sa base, on nous fit faire un petit détour,
pour éviter un endroit où, il y a un an, un chameau
chargé disparut dans un gouffre qui s'ouvrit subitement, à environ 80 pieds de profondeur : c'était cette
couche assez légère qui, fondue par suite des pluies,
avait entr'ouvert l'abîme qu'elle recouvrait : ce détail
peut vous faire comprendre l'intérêt d'un genre tout
particulier qui s'attachait à notre marche sur un sol
aussi trompeur ; mais le terrain ne s'effondra pas, et à
onze heures nous passions l'angle nord de la montagne
de sel. Là se trouve une ruine assez considérable, composée d'un amas de pierres informes : c'est le *Redjoum-
el-Mezorhel* (le Monceau bouleversé) ; à droite, et cou-
vrant un espace d'environ 3 kilomètres, sont d'autres
ruines, mais ruines comme celles de l'Engaddi, à fleur
de terre, comme seraient celles d'une maison qu'on
raserait exactement, et dont il ne resterait de visible
que les fondations, conservant de certains angles qui
indiquent la présence d'anciennes constructions : nous
avons constaté une grande quantité de ces angles si importants, puisqu'ils attestent la présence d'une ville, et
de quelle ville : Sodome ! »

Le nom de la ville maudite se conserve dans celui de
S'*doum*, que les Arabes ont donné à ce lieu. Ils appellent Djebel-S'doum l'immense montagne de sel voisine,
dans laquelle les pluies d'hiver ont creusé de nombreuses fissures. Une roche, en forme d'aiguille, détachée
de la masse, fait penser à la statue de la femme de Lot.

« Au soleil couchant, dit le compagnon de voyage

de M. Delessert[1], nous avions traversé de nouveau Sodome ; et passant entre les deux coteaux qui recouvrent
les ruines de Segor, nous entrions dans l'Oued-ez-
Zouera, par lequel nous devions remonter dans la terre
de Canaan, et gagner Hébron. Jamais nous n'oublierons
le magnifique spectacle qu'il nous fut donné d'admirer
lorsque nous eûmes gravi les premiers contre-forts de
de la chaîne cananéenne. Un orage violent, venu de
l'ouest, avait franchi ces montagnes ; et passant au-
dessus de la mer Morte, il était venu fondre sur la pleine
de Moab. Au couchant, le ciel était parfaitement dégagé
de vapeurs ; à l'orient, il était de la teinte la plus sombre ; au pied des montagnes de Moab, la mer semblait
une vaste nappe de plomb fondu ; et les montagnes elles-
mêmes, noires à leur base, étaient d'un rouge de feu,
depuis la moitié de leur hauteur jusqu'à leur sommet.
Tous ensemble, nous poussâmes un cri d'admiration :
c'était l'incendie de la pentapole qui recommençait sous
nos yeux... »

[1] M. de Saulcy, *Excursions sur les bords de la mer Morte*, 1851.

VII

VOLCANS ANTÉHISTORIQUES. — VOLCANS LUNAIRES

Anciens volcans de la France. — Les Basaltes — Éruptions primitives. — Phénomènes de contact. — Influence des volcans sur l'atmosphère. — La vallée du Poison. — Volcans lunaires.

ANCIENS VOLCANS DE LA FRANCE

La surface de notre planète offre les plus nombreux et les plus irrécusables témoignages des révolutions primitives qui la mettaient en communication avec les matières encore liquides de l'intérieur, soulevées à travers de profondes crevasses et solidifiées au contact de l'air. Ces matières, chassées par la force prodigieuse des vapeurs et des gaz produits par l'énorme chaleur souterraine, étaient aussi rejetées par les cratères des volcans, qui, suivant une juste expression de Humboldt, sont, pour ainsi dire, les sources intermittentes du globe. L'illustre naturaliste fait remarquer à ce sujet combien la riche imagination de Platon s'était rapprochée de ces idées, lorsque ce grand philosophe assignait aux éruptions des volcans et à la chaleur des sources thermales une cause unique, universellement répandue dans les entrailles de la terre, et symbolisée par un fleuve de feu souterrain, le *Périphlégéthon*.

Les anciens volcans ou volcans *antéhistoriques* se rencontrent partout en Europe. La Hongrie, l'Auvergne, l'Italie, l'Espagne, la Grèce, l'Angleterre, présentent un très-grand nombre de cratères éteints, d'où rayonnent des coulées de lave, des traînées de scories et autres produits de l'activité volcanique. On retrouve, dans les différentes parties du monde, les mêmes traces de l'antique domination des forces souterraines qui soulèvent encore ou déchirent l'écorce de notre planète, au milieu de terribles bouleversements et d'éruptions dévastatrices. Ces phénomènes, en apparence limités, s'étendent presque toujours au contraire sur de vastes régions et nous donnent ainsi l'idée des prodigieuses puissances que la nature mettait en jeu pour accomplir son œuvre.

Nous n'avons pas à retracer ici, d'après les récentes découvertes de la science, l'histoire des anciens volcans. Nous nous bornerons à en reproduire les principaux traits, en faisant connaître les plus curieuses particularités des régions explorées par les géologues.

En France, les produits d'anciennes éruptions se montrent sur les côtes de la Méditerranée, dans le Velay et le Vivarais : mais c'est surtout en Auvergne que les phénomènes volcaniques ont laissé les marques les plus frappantes et souvent les plus singulières des bouleversements du sol, aux diverses époques où les matières embrasées se sont répandues sur les pentes et dans les vallées. Les montagnes de l'Auvergne, qui se rattachent aux Cévennes, renferment trois groupes principaux, le Puy-de-Dôme, les monts Dore et du Cantal, sur lesquels on compte plus de cent cratères. Les observations des géologues montrent que dans une dernière éruption ces cratères ont répandu des torrents de láve, des matières plus ou moins fluides, dont le refroidissement a produit les monuments volcaniques qui attirent si vivement l'attention des voyageurs et des naturalistes.

LES BASALTES

Parmi ces monuments, les plus remarquables sont les basaltes, roches de *formation ignée*, c'est-à-dire sorties du sein de la terre à l'état fluide, qui s'étendent en nappes sur le flanc des montagnes ou dans les vallées. Cette roche très-dure, noire ou d'un gris bleuâtre, est aussi quelquefois verdâtre ou rouge. La division des masses basaltiques en formes constantes et régulières, en prismes, en cubes et en boules, constitue une des merveilles de nos régions volcaniques.

« Les prismes, d'une grande longueur, sont souvent formés de tronçons placés bout à bout, et qui même s'emboîtent les uns dans les autres, la face inférieure de chaque tronçon offrant une convexité qui s'articule dans une concavité correspondante de l'extrémité supérieure du tronçon contigu. On a remarqué que, dans un faisceau de prismes ainsi articulés, les articulations sont sur une même ligne, c'est-à-dire au même niveau ; aussi, lorsque par une dénudation on peut voir en plan une surface basaltique ainsi divisée, elle ressemble à une grande mosaïque qu'on a, dans diverses localités,

désignée sous le nom de *Pavé*, de *Chaussée des Géants*,
La côte septentrionale de l'Irlande est particulièrement
citée pour la beauté et la dimension des prismes basaltiques qu'on y rencontre, et par la fameuse *Chaussée des
Géants* qu'on voit auprès du cap de Fairhead. La grotte
de Fingal, dans l'île de Staffa, à l'ouest de l'Écosse,

Fig. 47. — Chaussée des Géants.

n'est pas moins célèbre par ses dimensions majestueuses. Les parois de cette grotte, dans laquelle s'engouffre
la mer jusqu'à près de 50 mètres, sont formées de prismes verticaux réguliers dont la hauteur est de 70 mètres, et qui soutiennent un plancher divisé lui-même
en prismes couchés en diverses directions[1]. »

[1] *Dictionnaire universel d'Histoire naturelle* de C. d'Orbigny,
art. BASALTE, de M. Constant Prevost.

On trouve, dans le Vivarais, sur les bords de la petite rivière du Volant, une très-belle chaussée basaltique qu'on peut suivre jusqu'à la rencontre d'un courant de lave qui, près d'Antraigues, descend d'un ancien cratère, où de beaux châteigniers prospèrent au milieu des débris volcaniques. La fertilité de ces contrées boule-

Fig. 48. — Montagnes basaltiques.

versées, leur riche végétation, offrent un contraste pittoresque avec l'aspect sévère des arides régions dévastées par le feu.

Une des plus belles colonnades basaltiques de la France se trouve à Espaly, près du Puy, sur les bords de la rivière de Borne. En quelques endroits, les colonnes, de forme prismatique, ont jusqu'à 20 mètres d'é-

13

lévation sur 30 centimètres environ de diamètre. On donne à ce groupe le nom d'*orgues*, souvent employé pour désigner de semblables colonnades. La rive opposée de la rivière présente un assemblage très-singulier de prismes basaltiques disposés en rayons autour d'un centre commun et formant un immense cercle.

Les dépôts basaltiques, sortis du sein de la terre par des cheminées étroites ou par de longues fissures, ont partout les mêmes caractères minéralogiques. Ils sont très-répandus à la surface du globe, et principalement en Islande, en Écosse, en Bohême, en Allemagne, en Italie, en Amérique, aux Antilles, à Ténériffe, à l'île Bourbon, à Sainte-Hélène, à l'Ascension, et dans presque toutes les îles de la mer du Sud.

Les masses basaltiques présentent une grande variété de structure. Les différents modes de division ont été déterminés par la composition chimique de la masse, par la forme de la coulée, par un lent refroidissement, et, avant tout, par l'application d'une loi générale que nous ne pouvons ici qu'énoncer, en vertu de laquelle *le travail des forces mises en jeu par la nature pour produire un résultat quelconque, doit toujours être le plus petit possible.* On doit remarquer que la position horizontale ou verticale des prismes vient de ce que la roche, en se consolidant, se fendille perpendiculairement aux surfaces par lesquelles le refroidissement s'opère. Toutes les observations prouvent que les basaltes en nappes se sont répandus sur un sol à peu près horizontal. L'inclinaison d'un assez grand nombre de ces nappes provient des soulèvements du sol qui ont suivi leur formation.

Les colonnades de basalte fournissent des carrières
où l'on trouve des pierres toutes taillées, et cette particularité a pu exercer une certaine influence sur les procédés primitifs de l'architecture. La nature, par le merveilleux arrangement de ces grandes masses rocheuses,
joignait un utile enseignement à tous ceux qu'elle pro-
diguait aux premiers hommes, et qu'elle offre encore,
avec tant de libéralité, aux savants qui l'interrogent,
aux artistes qui la contemplent et qui l'aiment. C'est
en voyant partout les signes de l'ordre que nous avons
appris à le connaître, à le désirer, à profiter des silen-
cieuses leçons que nous donnent la fleur des champs
ou le roc de lave sur lequel est gravée l'empreinte de
cette géométrie naturelle dont nous retrouvons les traces
au milieu des immenses bouleversements qui ont creusé
nos vallées et soulevé nos chaînes de montagnes.

ÉRUPTIONS PRIMITIVES — PHÉNOMÈNE DE CONTACT

Les volcans ne sont pas seulement des agents de destruction : ils produisent aussi de nouvelles combinaisons de substances renfermées dans le cercle de leur activité, et, comme nous venons de le voir, leur donnent
de nouvelles formes. Si, guidé par la science, on retourne vers les premiers âges de notre planète, et si
l'on cherche à se représenter l'aspect de sa surface dans
les nombreuses régions où s'élevaient des chaînes volcaniques, on comprend facilement l'influence de ces
chaînes sur la constitution actuelle d'une grande partie

de la croûte terrestre. De terribles éruptions, presque
incessantes, ne couvraient pas seulement le sol de cendres, de scories, de fragments de roche, de débris arra-
chés aux flancs des montagnes ; elles modifiaient aussi
soit dans l'intérieur même des volcans, soit au passage
des coulées de lave, les roches déjà existantes, transfor-
maient les terrains déposés par les eaux, et contribuaient à la formation des richesses minérales qui s'entassaient dans les crevasses produites par l'action des
forces souterraines.

Les filons métalliques se montrent surtout près des
roches d'éruption, et principalement du granit ou autres roches *plutoniques*, qui, différentes des roches volcaniques, ont surgi à l'état pâteux par d'immenses crevasses, comparées par Humboldt à des vallées ou à des
gorges d'une grande étendue. Ainsi, C. Darwin a observé dans les Cordillères du Chili des substances granitiques en contact avec des couches sédimentaires[1] qui
sont traversées par des veines très-nombreuses de fer,
de cuivre, d'argent et d'or. — Remarquons en passant
que le granit, une des roches les plus généralement répandues, est toujours caractérisé par des divisions pris-
matiques, et offre aussi parfois des divisions concentri-
ques semblables à celles de certaines basaltes.

Nous rappellerons qu'on entend par *sublimation* l'o-
pération de chimie par laquelle on recueille les parties
volatiles d'un corps, élevées par la chaleur du feu. Des
veines métalliques ont probablement été remplies par

---

[1] Les terrains de sédiment ont été déposés par les eaux en couches
horizontales, inclinées ensuite, soulevées par les roches d'éruption et
les tremblements de terre.

le procédé qui opérait le transport, dans les fissures des divers terrains, de substances minérales soumises plus bas à une chaleur intense. Buckland rapporte à ce sujet le résultat des expériences à l'aide desquelles on est parvenu à produire un minerai de plomb, par sublimation, dans un tube de terre dont la partie moyenne était portée à une haute température.

Des filons métallifères pourraient aussi avoir été lentement formés par une sorte d'infiltration ayant pour cause des actions électro-chimiques continuées pendant un laps de temps très-étendu. Quoi qu'il en soit, il est certain que d'immenses richesses minérales sont déposées dans les terrains qui se sont trouvés en contact avec les roches d'éruption. Et pour prendre encore un exemple dans les régions qui nous avoisinent, nous mentionnerons les mines de fer de la partie orientale des Pyrénées, lesquelles se rencontrent dans des calcaires en contact avec le granit.

Les hauts fourneaux dans lesquels agissent des forces semblables à celles qui déterminent les combinaisons chimiques au sein de la terre, offrent d'ailleurs dans leurs scories des minéraux formés artificiellement, identiques aux minéraux simples les plus importants dont les roches d'éruption se composent. Un éminent chimiste, M. Mitscherlich, s'est proposé la reproduction artificielle des minéraux par des moyens analogues, et a obtenu, parmi diverses espèces minéralogiques, le grenat et le rubis. On a depuis réussi à reproduire de toutes pièces le corindon, le saphir et un certain nombre d'autres beaux cristaux semblables à ceux qui se sont développés sur les surfaces de contact de roches ignées et de couches sédimentaires. Ainsi on reconnaît l'action des forces plutoniques dans les districts de diamants du Brésil et du versant européen de l'Oural. L'émeraude, le rubis, le saphir, la topaze, le grenat, l'opale, se rencontrent aussi près des anciennes coulées de lave, et quelquefois dans le lit des ruisseaux qui parcourent les contrées volcaniques. Ces pierres fines ne se trouvent pas seulement dans les contrées lointaines : le lit d'un ruisseau qui coule près du Puy-en-Velay, au bas de l'ancien volcan de Croustet, offre, en France, une assez grande quantité de rubis et de saphirs.

Dans certaines régions où le sol est parsemé de grains brillants détachés de roches cristallisées, un fait curieux a été observé : les fourmilières sont remplies de ces grains, et nous citerons à ce sujet le passage suivant de la relation d'un savant explorateur, M. Jules Marcou : « Il existe sur les hauts plateaux des montagnes Rocheuses une espèce de fourmis qui, au lieu de se servir de bois et de débris de végétaux pour élever son édifice, n'emploie que de petites pierres de la grosseur d'un grain de maïs. Son instinct la porte à choisir les fragments les plus brillants : aussi la fourmilière est souvent remplie de grenats transparents magnifiques et de grains de quartz très-limpides. »

INFLUENCE DES VOLCANS SUR L'ATMOSPHÈRE

Les observations relatives aux volcans et les recherches sur la chaleur intérieure du globe ont aidé à expliquer la présence, dans les régions glacées du Nord, des végétaux de la zone torride, qu'on y trouve à l'état fossile. Aux époques où d'ardentes vapeurs jaillissaient partout des sources intérieures, la température des différentes zones, beaucoup plus élevée dans les couches atmosphériques les plus basses et beaucoup plus uniforme, a dû faire naître et développer la végétation luxuriante dont les débris, ensevelis au fond des lacs, des golfes et des mers anciennes, ont été convertis en houille. La profondeur des houillères, où les lits de charbons superposés ont jusqu'à 16 mètres d'épaisseur, indique assez l'exubérance de cette végétation primitive, favorisée à la fois par un plus haut degré de température et par les exhalaisons gazeuses qui rendaient l'atmosphère impropre à la respiration des animaux, mais qui fournissaient aux plantes une nourriture beaucoup plus abondante. On peut en juger par ce seul fait, que des végétaux analogues à nos mousses rampantes atteignaient alors jusqu'à 200 pieds de longueur. Les volcans et les sources thermales étant encore une source abondante d'acide carbonique, il est certain que ce gaz, auquel les végétaux empruntent le carbone nécessaire à leur formation et que nous retrouvons dans les houilles, dut être, à ces époques reculées, contenu en très-grande quantité dans notre atmosphère, bien plus soumise, par suite des soulèvements et des éruptions volcaniques, aux influences que l'intérieur du globe exerce encore sur sa composition.

La présence dans plusieurs terrains houilliers de riches couches de minerai ferrugineux est remarquable.

C'est à cette circonstance, si favorable à l'établissement des fonderies de fer, que l'Angleterre doit, en grande partie, sa puissance industrielle, résultat de la construction et du prodigieux travail des innombrables machines qui « rament, pompent, creusent, charrient, traînent, soulèvent, forgent, filent, tissent et impriment. »

LA VALLÉE DU POISON

L'acide carbonique, un des corps les plus abondants et les plus répandus dans la nature, étant plus pesant que l'air, se trouve souvent accumulé dans les lieux bas et dans les parties inférieures d'un grand nombre de cavités des pays volcanisés, telle que la grotte du Chien, à Naples, où, comme nous l'avons vu, les animaux qui le respirent sont asphyxiés en quelques minutes. A Java, un cratère appelé le *Guevo Upas* ou Vallée du Poison, de 600 mètres de circonférence, jouit aussi d'une célébrité fondée sur les récits qui attribuaient aux émanations innocentes de l'upas, dont le suc sert à empoisonner les flèches, les effets produits par l'acide carbonique. La description suivante fait connaître le morne aspect de ce site étrange.

« L'usage du l'upas était autrefois général dans toutes les îles, mais l'introduction des armes à feu l'a relégué actuellement parmi quelques tribus sauvages réfugiées dans les montagnes volcaniques dont l'île est remplie. Ces volcans sont ignés ou boueux, leurs éruptions imprévues couvrent souvent de grands espaces de lave ou de limon. Des sources sulfureuses, acidules, siliceuses, pétrifiant tous les objets voisins, jaillissent du sol. Quelquefois, du haut d'une colline, le voyageur étonné découvre tout à coup une vallée sans végétation, calcinée par le soleil. Des squelettes d'animaux de tout genre gisent sur le sol ; leur posture prouve qu'ils ont été saisis subitement et pleins de vie : le tigre, au moment où il saisissait sa proie ; le vautour, lorsqu'il s'abattait sur ces cadavres pour les dévorer. Des milliers d'insectes, fourmis, coléoptères, couvrent le sol ; c'est une *Vallée de la mort.* L'acide carbonique s'échappe par les fissures du terrain, et, en vertu de son poids spécifique, il reste invisible au fond de la vallée : phénomène analogue à celui de la grotte du Chien, près de Naples, et de la *Dunsthoehle*, près de Pyrmont. L'homme seul peut traverser ces vallées de la mort, parce que sa tête s'élève au-dessus de la couche d'acide carbonique. Les Indiens, qui franchissent les sols de l'Himalaya, dont quelques-uns sont à 5,000 mètres au-dessus de la mer, attribuent aux émanations des plantes environnantes le malaise et la difficulté de respirer dus à la raréfaction de l'air ;

de même les Javanais accusaient les émanations d'arbres vénéneux des effets désastreux dus à un gaz irrespirable[1]. »

VOLCANS LUNAIRES

La surface de notre satellite est parsemée d'un très-grand nombre de montagnes, ayant presque toutes la forme d'un bourrelet circulaire au milieu duquel existe une cavité. Laplace y voyait des traces évidentes d'éruptions volcaniques. Il ajoutait que la formation de nouvelles taches et les étincelles observées plusieurs fois dans la partie obscure indiquent même des volcans en activité. C'est à eux qu'il attribuait les aérolithes qui viennent de temps en temps se précipiter sur notre globe.

De nouvelles recherches ont considérablement modifié ces idées. On croit pouvoir attribuer la vue des étincelles à des illusions d'optique; les contours des terres lunaires dessinées avec plus de soin par les astronomes, photographiées même depuis quelque temps, ne paraissent nullement changer, et une théorie des aérolithes, différente de celle de Laplace, prévaut aujourd'hui[2]. Mais si des éruptions récentes ne peuvent être constatées sur le globe qui nous accompagne, nous trouvons des preuves nombreuses de l'existence d'une époque où

---

[1] *La Plante et sa vie,* par Schleiden, traduction de M. Charles Martins.

[2] Voyez *les Météores,* ch. ix (*Bibliothèque des merveilles*).

Fig. 49. — Paysage idéal de la Lune.

la réaction de l'intérieur de cet astre sur sa croûte superficielle a été extrêmement violente.

Quand on compare les reliefs des terrains sur la Terre et sur la Lune, on est surpris du manque de proportionnalité entre les montagnes. Elles sont relativement beaucoup plus hautes sur notre satellite, où l'on en compte 22 qui dépassent l'altitude du mont Blanc (4,800 mètres). La montagne appelée Dœrfel a 7,605 mètres de haut, 200 mètres de moins que le pic le plus élevé de l'Himalaya. Cette extension des aspérités paraît en rapport avec la diminution de la pesanteur, qu'on trouve, par le calcul, six fois moindre sur la Lune que sur la Terre.

Pour bien voir les cavités, il faut choisir l'instant de l'observation à l'époque du premier ou du dernier quartier. Les remparts circulaires projettent alors leur ombre à l'opposé du soleil, tant à l'intérieur qu'à l'extérieur. On est aussitôt frappé de l'idée d'une parfaite analogie entre ces formations lunaires et nos formations volcaniques terrestres. Les flancs de la protubérance rejoignent la plaine par une pente modérée, tandis que l'escarpement intérieur est extrêmement abrupt. Dans la partie centrale du fond de la cavité on aperçoit le plus souvent des éminences, qui représentent très-bien les cônes volcaniques d'où s'échappent chez nous les laves et les cendres. En plusieurs endroits on parvient, selon Herschell, à distinguer des marques décisives de stratifications[1] provenant du dépôt successif des déjections. On ne s'étonnera pas du rapprochement des pro-

---

[1] Dispositions des matières rassemblées en couches parallèles.

tubérances cratériformes, si nous disons qu'on en
compte plus de deux mille sur la surface visible de
l'astre. Dans la figure 49 nous avons essayé d'offrir
l'idée du paysage qu'on aurait devant soi auprès de l'une
de ces montagnes. Le grand nombre d'aiguilles qui se
dressent sur les contre-forts et dans la contrée environnante, ajoutent à l'étrangeté du spectacle. Elles sont
très-élevées et rappellent nos colonnes basaltiques. Il y
en a une près du mont Ligustinus qui est dix fois plus
haute que la cathédrale de Strasbourg. Quand on l'observa pour la première fois, l'ombre l'enveloppait et sa
pointe seule était éclairée par le soleil. Sa matière, probablement vitreuse, décomposait la lumière et présentait les couleurs du prisme.

Nous nous tromperions si l'analogie que suggère la
première vue nous conduisait à assimiler toutes les cavités lunaires à nos volcans. C'est une très-faible partie,
au contraire, qui peut leur être comparée, quand on
vient à tenir compte des dimensions. Un observateur
placé sur notre satellite et muni d'un excellent télescope
verrait à peine les cratères terrestres. Le cratère de la
Caldiera del Fogo, dans l'île de Palma, le plus grand,
selon Humboldt, n'a que 8 kilomètres de diamètre, tandis que sur la lune on voit une multitude de circonvallations beaucoup plus étendues. Le diamètre du mont
Clavius, par exemple, est de 227 kilomètres ; ceux de
huit autres sont compris entre 112 et 184 kilomètres ;
viennent ensuite douze cirques de 90 kilomètres en
moyenne, etc. Il faut donc imaginer des enceintes vastes
comme deux de nos départements, comme la Bohème.
Ce dernier pays, entouré par des montagnes, peut très-

bien les figurer ; seulement les remparts des cirques
lunaires sont de véritables falaises, à peine crevassées
et surgissant d'un seul jet à une hauteur à laquelle la
cime du mont Blanc n'arrive qu'après un grand développement de pentes et de contre-forts.

Fig. 50. — Volcans éteints de l'Auvergne.

Ce sont seulement des points noirs qu'on voit sur le
flanc de quelques protubérances qui peuvent être considérées comme les cratères des volcans éteints. Les cirques eux-mêmes ont probablement été produits par un
phénomène différent, du moins par ses gigantesques
proportions, de l'éruption volcanique que nous connais-
sons. Imaginons, aux premières époques géologiques,
de puissants gaz élastiques se dégageant par suite de

réactions chimiques internes de la masse lunaire, et se trouvant arrêtées par une couche de matière pâteuse très-résistante, mais encore assez visqueuse pour avoir la faculté de s'étendre. De nombreuses boursouflures, pouvant acquérir de grandes dimensions à cause de cette élasticité, feront saillie hors de la surface, et pendant quelque temps la pression intérieure des gaz dilatés par la chaleur soutiendra la voûte, cette voûte dominât-elle un espace aussi grand que le cirque de Clavius. Mais dès que le refroidissement aura commencé, elle manquera d'appui, elle se rompra et jonchera de ses débris le fond d'un immense abîme. Que restera-t-il alors? Précisément les apparences qu'on observe maintenant : toutes les parties surplombantes écroulées jusqu'au bourrelet abrupt; des montagnes de rochers brisés au centre, sur un disque plan dont le niveau est inférieur à celui de la région environnante. Cette dernière circonstance est caractéristique pour tous les cirques. L'excavation du mont Newton est telle, que jamais le fond n'en est éclairé, ni par la Terre, ni par le Soleil.

Parmi les fluides sortis des dômes déchirés se trouvaient probablement beaucoup de vapeurs qui ont dû se condenser et même se transformer en une substance solide, car les observations des astronomes ne constatent pas jusqu'à présent l'existence d'une atmosphère lunaire. On attribue à ces vapeurs le dépôt des pellicules brillantes qui semblent revêtir quelques rebords des cirques. Suivant Maedler, ce sont des courants gazeux qui ont vitrifié une partie de la surface de l'astre, en y produisant les bandes lumineuses qu'on aperçoit

disposées en rayons autour de plusieurs montagnes.
Dans certains points, comme Tycho et Copernic, il y en
a plus de cent, et elles traversent sans s'interrompre
les circonvallations et les taches noires environnantes,
fournissant ainsi un élément pour établir la chronolo-
gie du soulèvement des terrains. Il faut supposer qu'il
y a eu de violentes conflagrations au-dessus des centres,
vers lesquels les courants ont convergé comme dans
tous les incendies. Aucune de ces bandes n'accuse un
relief, car elles ne sont visibles qu'aux environs de la
pleine lune et ne projettent pas d'ombre pendant les
autres phases.

Si nous voulons comparer la surface lunaire avec
celle de notre globe, nous devons supprimer par la pensée les terrains de sédiment et les mers qui recouvrent
cette dernière. Beaucoup de cirques, aujourd'hui comblés, apparaîtraient alors. En Auvergne, il y en a de
très-vastes qui sont encore entièrement dessinés, quoique le granit qui les forme soit altéré et disparaisse
dans un grand nombre de points sous d'épaisses couches de terre végétale. Celui qu'on voit sur l'île de Cey-
lan a 70 kilomètres de diamètre. Dans l'Océanie, plusieurs îles madréporiques paraissent prendre appui sur
de semblables cirques [1].

---

[1] Nos lecteurs trouveront une très-intéressante description de notre
satellite dans l'excellent livre de M. Amédée Guillemin : *La Lune*,
1 vol. in-18; librairie Hachette.

VIII

TREMBLEMENT DE TERRE DE LISBONNE

La lettre suivante, adressée à un des membres de la Société royale de Londres, par M. Wolfall, chirurgien, est extraite des *Transactions philosophiques* :

Lisbonne, ce 18 novembre 1755.

« Si vous avez d'autres correspondants ici, ils seront sans doute en état de vous donner une relation plus satisfaisante du terrible accident qui vient de détruire cette ville ; mais si vous n'en avez pas, le détail que le trouble de mes esprits pourra me permettre de vous en faire vous sera sans doute plus agréable que les rapports incertains que vous trouverez dans les papiers publics.

Tout ce à quoi je puis prétendre à présent, c'est de vous communiquer une histoire simple et sans parure, et c'est ce que je vais faire avec candeur et vérité.

« Il est peut-être nécessaire de vous dire d'abord que, depuis le commencement de l'année 1750, nous avons eu beaucoup moins de pluie qu'à l'ordinaire; on n'en avait jamais moins vu, de mémoire d'homme, jusqu'au printemps dernier, qui donna la pluie nécessaire pour produire des récoltes très-abondantes. L'été a été plus frais que de coutume, et pendant les derniers quarante jours, le temps a été très-clair et très-beau, sans cependant qu'il y eût rien de remarquable à cet égard. Le 1er de ce mois, vers neuf heures quarante minutes du matin, une très-violente secousse de tremblement de terre se fit sentir; elle parut durer environ un dixième de minute, et en ce moment toutes les églises et les couvents de la ville, avec le palais du roi et la magnifique salle d'Opéra qui était attenante, s'écroulèrent; en un mot, il n'y eut pas un seul édifice considérable qui restât debout; environ un quart des maisons particulières eurent le même sort, et, suivant un calcul très-modéré, il périt environ trente mille personnes. Le spectacle funeste des corps morts, les cris et les gémissements des mourants à demi ensevelis dans les ruines, sont au delà de toute description; la crainte et la consternation étaient si grandes qu'on ne pensa à rien autre chose qu'à sa propre conservation. Le moyen le plus probable était de gagner les places découvertes et le milieu des rues. Ceux qui étaient dans les étages supérieurs furent en général plus fortunés que ceux qui tentèrent de s'échapper par les portes; car ceux-ci fu-

rent ensevelis sous les ruines, avec la plus grande partie
des gens qui passaient à pied. Ceux qui étaient dans
les équipages s'en tirèrent mieux, quoique les cochers
et les chevaux fussent très-maltraités ; mais le nombre
des personnes écrasées dans les maisons et dans les rues
ne fut pas comparable à celui des gens qui furent ensevelis sous les ruines des églises ; comme c'était un jour
de grande fête et à l'heure de la messe, elles étaient
toutes très-pleines. Or le nombre des églises est ici
plus grand qu'à Londres et à Westminster ensemble ;
les clochers, qui étaient fort élevés, tombèrent presque
tous avec les voûtes des églises, en sorte qu'il ne s'é-
chappa que peu de monde.

« Si la misère eût fini là, elle aurait pu se réparer à
certain point ; et, quoique les vies ne pussent être ren-
dues, les richesses immenses qui étaient sous les ruines
auraient pu en être retirées en partie ; mais toute espé-
rance est presque perdue à cet égard ; car environ deux
heures après le choc, le feu se manifesta en trois différents endroits de la ville ; il était occasionné par les
feux des cuisines, que le bouleversement avait rapprochés
des matières combustibles de toute espèce. Vers ce
temps aussi un vent très-fort succéda au calme, et anima
tellement la violence du feu qu'au bout de trois heures
la ville fut réduite en cendres. Tous les éléments parurent conjurés pour nous détruire : aussitôt après le choc,
qui fut à peu près au temps de la plus grande élévation
des eaux, le flot monta dans un instant 40 pieds plus
haut qu'on ne l'avait jamais observé, et se retira aussi
subitement. S'il n'eût pas ainsi rétrogradé, la ville entière serait restée sous l'eau.

« Il est possible que la cause de tous ces désastres soit venue du fond de l'océan occidental, car je viens de converser avec un capitaine de vaisseau qui paraît un homme de grand sens, et qui m'a dit qu'étant à 50 lieues au large, il éprouva une secousse si violente que le pont de son vaisseau en fut très-endommagé. »

Du 22 novembre.

« J'ai omis dans ma dernière lettre une circonstance essentielle, savoir : le temps de la durée du tremblement de terre qui fut de cinq à sept minutes. Le premier choc fut extrêmement court ; il fut suivi, avec la vitesse d'un éclair, de deux autres secousses, et l'on a généralement fait mention des trois ensemble comme d'une seule. Vers midi, il y en eut une seconde : j'étais alors dans le parvis du palais du roi ; j'eus l'occasion de voir les murs de plusieurs maisons qui étaient encore debout s'ouvrir du haut en bas, de plus d'un pied, et se refermer si exactement qu'il ne restait aucune marque de séparation.

« Depuis ma dernière lettre il est tombé quelques pluies très-fortes, et nous n'avons essuyé, depuis quatre jours, qu'un seul choc peu considérable. »

L'oscillation de la surface terrestre qui produisit ce terrible désastre n'était pas un événement local. Elle se fit sentir sur une très-vaste étendue, évaluée à plus de quatre fois la surface de l'Europe. C'est en Portugal, en Espagne et dans la partie septentrionale de l'Afrique que la première secousse eut la plus grande violence. Le port de Sétubal, à quelques lieues de Lisbonne, fut aussi submergé par une vague énorme, et à Cadix de hautes murailles voisines du rivage furent emportées par la mer, qui s'éleva à 20 mètres au-dessus de son niveau ordinaire. Dans le Maroc plusieurs villes furent dévastées et des milliers d'habitants périrent. Sur le bord occidental de l'Atlantique, dans les petites Antilles, où la marée ne dépasse guère 75 centimètres, les eaux devinrent tout à coup entièrement noires et montèrent à une hauteur de plus de 7 mètres. Au même moment les lacs de la Suisse, ceux de la Suède et la mer qui baigne la côte de Norwége furent violemment agités, pendant qu'un calme complet régnait dans l'atmosphère. Plusieurs cours d'eau furent détournés. On constata l'interruption des sources d'eaux thermales de Tœplitz, qui apparurent de nouveau peu de temps après, mais ayant cette fois la couleur du sang. Elles inondèrent la ville et frappèrent les habitants de crainte. Pour expliquer ce singulier phénomène, il faut admettre un ébranlement souterrain changeant la direction des eaux et les faisant passer par une couche d'ocre rouge. On rapporte aussi que le Vésuve, alors en pleine éruption, s'apaisa tout à coup au moment de la commotion.

Un champ d'action si étendu montre que les forces qui produisirent cet immense tremblement de terre se sont manifestées profondément dans l'intérieur de notre planète et non à la surface seulement. Elles donnèrent probablement lieu à des ondes d'ébranlement circulaires, transmises de proche en proche, à travers des masses minérales élastiques, jusqu'à la couche superficielle. La propagation de ce mouvement se fait ainsi d'une manière analogue à celle du son.

Lorsque, dans les ondulations terrestres, l'extrême limite de l'élasticité des corps est dépassée et que les ruptures s'opèrent, les crevasses livrent passage à des gaz qui, à leur tour, produisent des mouvements de translation. Cet effet fut observé en plusieurs points du Portugal, et particulièrement dans les rochers d'Alvidras, qui restèrent couverts pendant plusieurs jours après le 1er novembre d'un épais nuage de fumée.

Quelle est la cause des mouvements internes du globe qui donnent lieu sur notre sol à de si grands et de si terribles phénomènes ? Un éminent géologue anglais, M. Mallet, la voit dans les éruptions sous-marines à la suite desquelles l'eau pénètre par les cannaux ouverts jusqu'à la surface ignée de la lave. Il en résulte, d'après lui, de violentes explosions dont les contre-coups transmis dans toutes les directions constituent les tremblements de terre. M. Poulett-Scrope émet une autre hypothèse. Des masses minérales profondément situées augmenteraient tout à coup de température en recevant un surcroît de chaleur du foyer inférieur, et leur dilatation produirait des déchirements successifs dans les roches adjacentes en même temps que des « pulsations ondulatoires. »

Le savant professeur du Muséum, M. Daubrée, fait intervenir dans ces grands effets mécaniques les eaux tant météoriques qu'océaniennes. Il admet qu'elles ne pénètrent pas seulemeut dans les chaudes régions souterraines par des fissures étendues, mais encore par une infiltration lente, résultant de la porosité et de la capillarité des roches. Des expériences de laboratoire lui ont montré que de telles infiltrations se produisent même en présence de contre-pressions intérieures très-fortes. « Ces expériences, dit-il dans une note[1], ne touchent-elles pas aux points fondamentaux du mécanisme des volcans et des autres phénomènes qu'on attribue généralement au développement de vapeurs dans l'intérieur du globe, notamment les tremblements de terre, la formation de certaines sources thermales, le remplissage des filons métalliques, ainsi qu'à divers cas du métamorphisme des roches ? Sans exclure l'eau originaire, et en quelque sorte de constitution initiale, qu'on suppose généralement incorporée dans les masses intérieures et fondues, les mêmes expériences ne montrent-elles pas que des infiltrations, descendant de la surface, peuvent aussi intervenir, de telle sorte que bien des parties profondes du globe seraient dans un état journalier de recette et de dépense, et cela, par un procédé des plus simples, mais bien différent du mécanisme du siphon et des sources ordinaires ? Un phénomène lent, continu et régulier, deviendrait ainsi la cause de manifestations brusques et violentes, comparables à des explosions et des ruptures d'équilibre. »

[1] Académie des sciences, 28 janvier 1861.

La Calabre est la partie de la grande région volcanique méditerranéenne la plus exposée aux tremblements de terre. Ceux de la fin du dernier siècle ont surtout été désastreux ; nous allons réunir ici quelques détails sur les effets produits par les secousses du 5 février et du 28 mars 1783.

Dans une étendue d'environ 60 lieues carrées, toute la surface du pays fut bouleversée. Sur 375 villes ou villages, 320 furent complétement ruinés, et les autres conservèrent très-peu de maisons intactes. Les ravages s'étendirent jusqu'en Sicile. A Messine, un énorme incendie se joignit à la chute des édifices, et la terreur des habitants fut inexprimable. Le long du détroit, le fond de la mer s'abaissa de plusieurs mètres ; la côte s'inclina, et fut déchirée par des fentes nombreuses. Le promontoire qui formait l'entrée du port disparut en un instant.

Au milieu de la Calabre, dans la jolie ville de Polistena, riche et bien peuplée, la majeure partie des habitants périt sous les décombres. Pas un mur ne resta debout. Le géologue français Dolomieu, qui voyageait alors en Italie, décrit ainsi le théâtre de cette catastrophe :

« ... J'avais vu Messine et Reggio ; je n'y avais pas trouvé une maison qui fût habitable et qui n'eût besoin d'être reprise par les fondements ; mais enfin le

Fig. 51. — Tremblement de terre de Messine (1785).

squelette de ces deux villes subsiste encore ; on voit ce qu'elles ont été. Messine présente encore, à une certaine distance, une image parfaite de son ancienne splendeur. Chacun reconnaît ou sa maison ou le sol sur lequel elle reposait. J'avais vu Tropea, et Nicotera, dans lesquelles il y a peu de maisons qui n'aient subi de très-grands dommages, et dont plusieurs même se sont entièrement écroulées. Mon imagination n'allait pas au delà des malheurs de ces villes. Mais, lorsque, placé sur une hauteur, je vis les ruines de Polistena, la première ville de la plaine qui se présenta à moi ; lorsque je contemplai des monceaux de pierres, qui n'ont plus aucune forme, et qui ne peuvent pas même donner l'idée de ce qu'était la ville ; lorsque je vis que rien n'avait échappé à la destruction, et que tout avait été mis au niveau du sol, j'éprouvai un sentiment de terreur, de pitié, d'effroi, qui suspendit quelques moments toutes mes facultés... »

Le sol s'entr'ouvrit de toute part, souvent en longues crevasses, dont quelques-unes avaient jusqu'à 150 mètres de large et plus d'un demi-kilomètre de long. Les unes étaient isolées, d'autres bifurquées. Quelquefois elles étaient croisées par une suite de fissures perpendiculaires. Il y en avait qui étaient réunies en rayons divergeant autour d'un centre, comme les fentes d'une vitre brisée. La plupart restèrent béantes après la commotion ; d'autres, ouvertes au moment de la secousse, se refermèrent ensuite, broyant entre leurs parois les habitations, les arbres et les hommes qu'elles venaient d'engloutir.

Dans plusieurs parties de la Calabre, et surtout autour

du bourg de Rosario, on vit se produire un curieux phénomène. Des cavités circulaires, semblables à de petites citernes, s'ouvrirent çà et là dans le sol, et se remplirent d'eau et de sable. Quand on creusa autour d'elles, on reconnut qu'elles avaient la-forme d'un entonnoir, qui aboutissait à un étroit et profond canal.

D'énormes portions de terrain furent transportées à de grandes distances, du sommet des montagnes dans les plaines. La ville de Terranova, bâtie au-dessus d'étroites vallées, se divisa en quartiers qui y tombèrent après s'être renversés sens dessus dessous. Quatorze cents habitants furent ensevelis sous les ruines. On vit des maisons précipitées perpendiculairement dans un gouffre ayant 100 mètres de profondeur. Les matériaux des éboulements arrêtèrent le cours d'une rivière, et formèrent un lac assez étendu. En d'autres endroits, des ruisseaux ainsi interceptés se frayèrent de nouveaux passages, et devinrent des torrents, dont le ravage fut aussi désastreux que les commotions.

Le centre de l'ébranlement paraît avoir été au-dessous du territoire d'Oppido, où il se fit d'immenses crevasses. La ville s'écroula en entier, et un vaste gouffre s'ouvrit sur la pente d'une colline voisine, engloutissant des fermes, des magasins, des hommes et des troupeaux.

La montagne d'Aspromonte subit de grands déchirements. Les villages bâtis sur des escarpements se détachèrent avec eux et tombèrent dans la vallée. Dans quelques endroits les terres glissèrent, gardant intacts les arbres et les plantations.

Nous citerons encore l'épouvantable désastre dont le

Fig. 52. — Paysans de la Calabre engloutis dans les crevasses (1785).

rocher de Scylla fut le théâtre. Après la première secousse, des maisons et des jardins avaient été écrasés
par des rochers détachés des falaises voisines. Le prince
de Scylla persuada à une grande partie de ses sujets de
se réfugier dans les barques pour fuir le tremblement
de terre. Vers minuit un autre éboulement eut lieu. La
mer, s'élevant soudainement de 6 mètres, se précipita
à plusieurs reprises sur le rivage, entraînant les bateaux
qui furent coulés à fond ou brisés contre les rochers.
On en trouva plusieurs à une grande distance dans l'intérieur des terres.

TREMBLEMENT DE TERRE DE RIOBAMBA

Pendant cette catastrophe, arrivée au commencement
du mois de février 1797, on vit se reproduire dans les
Andes, sur une échelle beaucoup plus grande, les bouleversements désastreux observés dans la Calabre.
Humboldt, qui visitait l'Amérique à cette époque,
put recueillir sur les lieux de nombreux détails de
la bouche des survivants ; nous citerons les plus importants.

On vit à Quito un prodigieux passage d'étoiles filantes
peu de temps avant la première secousse. Le même
phénomène précéda le tremblement de terre de Cu-
muna en 1766. Humboldt ajoute, à ce sujet, qu'une
certaine nuit le volcan de Cayambe parut, pendant
une heure entière, comme enveloppé d'une pluie de

météores. Les habitants de Quito, effrayés de cette apparition, firent des processions afin d'apaiser la colère céleste.

L'espace ébranlé autour de la ville de Riobamba, qui fut entièrement renversée, comprit toute la haute plaine volcanique de Quito entre le Tunguragua et le Cotopaxi. Une éruption boueuse du Moya fit périr quarante mille Indiens sur le même plateau ; mais ce qui prouve que l'influence de la commotion s'étendit beaucoup plus loin, c'est le fait suivant constaté près de la ville de Pasta, distante de 60 milles. Le volcan qui la domine vomissait depuis trois mois une haute colonne de fumée ; au moment de la première secousse elle disparut entièrement. Des communications souterraines existaient donc ou se trouvèrent subitement établies entre les deux foyers ignés.

« Le tremblement de terre ne fut ni annoncé ni accompagné par aucun bruit souterrain. Une immense détonation, désignée encore aujourd'hui par ces seuls mots : *el gran ruido*, se produisit seulement dix-huit ou vingt minutes plus tard, sous les deux villes de Quito et d'Ibarra, et ne fut entendue ni à Tacunga, ni à Humbato, ni sur le théâtre même du désastre.

« ... Des fentes s'ouvrirent et se refermèrent de telle façon que des hommes purent se sauver en étendant les deux bras. Des troupes de cavaliers ou de mulets chargés disparurent dans des crevasses qui s'ouvrirent en travers sous leurs pas, tandis que d'autres échappaient au danger en se rejettant en arrière. La surface du sol fut successivement exhaussée et abaissée par des oscillations irrégulières, qui déposèrent sans secousse sur le

Fig. 53. — Tremblement de terre de Scylla (1785).

pavé de la rue des personnes placées à plus de douze
pieds plus haut, dans le chœur de l'église ; de grandes
maisons s'enfoncèrent dans la terre, avec si peu de dégât que les habitants sains et saufs purent ouvrir les
portes à l'intérieur, et attendirent deux jours qu'on les
dégageât ; ils allèrent d'une chambre dans l'autre, allu-
mèrent des flambeaux, se nourrirent de provisions qu'ils
avaient par hasard et s'entretinrent des chances de salut qui leur restaient. Une chose non moins surpre-
nante, c'est la disparition de masses aussi énormes de
pierres et de matérieux de construction. Le Vieux-
Riobamba avait des églises et des cloîtres entourés de
maisons à plusieurs étages, et cependant je n'ai trouvé
dans les ruines, lorsque j'ai levé le plan de la ville
détruite, que des amas de pierres de 8 à 10 pieds de
hauteur. »

VOSTITZA

L'ébranlement du sol, même en l'absence des bruits
souterrains, produit, quand on le ressent pour la première fois, un effet tout particulier qui a été très-bien
dépeint par Humboldt. « Cet effet, dit-il, ne provient
pas de ce que les images des catastrophes dont l'histoire a conservé souvenir s'offrent alors en foule à
notre imagination. Ce qui nous saisit, c'est que nous
perdons tout à coup notre confiance innée dans la stabilité du sol. Dès notre enfance, nous étions habitués
au contraste de la mobilité de l'eau avec l'immobilité

de la terre. Tous les témoignages de nos sens avaient fortifié notre sécurité. Le sol vient-il à trembler, ce moment suffit pour détruire l'expérience de toute la vie. C'est une puissance inconnue qui se révèle tout à coup : le calme de la nature n'était qu'une illusion, et nous nous sentons rejetés violemment dans un chaos de forces destructives. »

Nous avons éprouvé ces impressions pendant un assez violent tremblement de terre dont nous avons été témoins au mois de mai 1844. Notre brick était à l'ancre devant Vostitza, au milieu du golfe de Corinthe, et nous étions descendus à terre pour visiter un couvent grec des environs. Les moines nous accueillirent dans une salle d'où la vue s'étendait sur un magnifique paysage. Pendant que nous nous y reposions, de fortes secousses ébranlèrent tout à coup les murailles, et nous vîmes d'énormes rochers rouler sur la pente des montagnes, pendant que l'air se remplissait d'une épaisse poussière. Les moines consternés étaient en prière dans l'église et faisaient sonner les cloches. Nous fîmes de vains efforts pour les engager à s'éloigner de l'édifice, traversé déjà par de grandes lézardes. Pendant notre retour à la plage, nous entendîmes gronder le tonnerre souterrain. De fortes secousses avaient été ressenties à bord du brick. Le lendemain, nous apprîmes qu'un village, distant de quelques lieues, avait eu la moitié de ses maisons renversées.

Vostitza avait déjà subi un effroyable tremblement de terre le 23 avril 1817. La partie basse du rivage et le cap Aliki plongèrent sous les eaux, devenues tout à coup très-chaudes. En quelques minutes, la ville n'offrit plus qu'un amas de ruines. La même secousse éclata avec violence à Patras et jusque dans l'Élide.

Vers le commencement du treizième siècle avant notre ère, un tremblement de terre qui frappa la Grèce d'épouvante, engloutit au sein des eaux la ville d'Hélice, située près de la mer, non loin de Vostitza (l'ancienne Ægium). Au temps d'Ovide, qui mentionne cette catastrophe, on apercevait encore ses édifices sous les flots. Suivant la légende, les Achéens qui habitaient Hélice manquant de parole à des suppliants qui s'étaient réfugiés dans le temple de Neptune, les égorgèrent, et la colère du dieu ne tarda pas à éclater par le bouleversement qui anéantit la ville. « Pour l'ordinaire, dit à ce sujet Pausanias, les tremblements de terre qui bouleversent de temps en temps certaines contrées, sont annoncés par des pronostics qui les précèdent, comme sont des pluies continuelles ou de longues sécheresses, ou un déréglement des saisons, ou l'obscurcissement du soleil, ou le desséchement subit des fontaines, ou des tourbillons de vent qui déracinent les plus gros arbres, ou des feux célestes qui parcourent le vaste espace des airs, laissant après eux une longue traînée de lumière ; ou de nouveaux astres qui paraissent tout à coup et nous remplissent d'effroi ; ou des vapeurs pestilentielles qui sortent du sein de la terre. Tels sont les signes dont le ciel se sert pour avertir les hommes. »

Près d'Hélice, la ville de Bura, où s'élevait en face de Delphes le temple d'Hercule, desservi par des prêtres auxquels on attribuait également le don de prédire l'avenir, fut entièrement détruite par la même commotion. Le ravin dans lequel on trouve ses ruines est remarquable par les formes étranges et pittoresques de grandes roches à pic séparées par de profondes crevasses.

TREMBLEMENT DE TERRE DANS L'INTÉRIEUR D'UNE MINE

Un ingénieur, M. de la Torre, enfermé dans une des mines de cuivre de l'île de Cuba, pendant la terrible secousse de tremblement de terre qui remplit de ruines la ville de Santiago, au mois de novembre 1852, raconte ainsi ses impressions :

« Je me trouvais dans la galerie n° 132 du puits San Juan, dirigeant les travaux d'une escouade composée de vingt-quatre hommes. Nous préparions les tarières, lorsque nous entendîmes un bruit aussi extraordinaire que formidable, qui nous fit craindre l'écroulement de la galerie ; nous sentîmes à l'instant que la terre se soulevait et se creusait en même temps, en nous lançant, à diverses reprises, d'une paroi de la galerie à la paroi opposée. Nous regardions la mort comme inévitable, mais il nous sembla prudent de nous asseoir pour ne point périr sur-le-champ. Les lanternes étaient tombées des murailles où on les avait suspendues, et tout se trouva dans l'obscurité. Les bois de soutien craquaient en faisant un bruit pareil à celui d'une fournaise alimentée de bois vert ; l'infiltration des eaux avait augmenté d'une façon prodigieuse : il nous semblait qu'étant dans la mine nous étions sur un arbre au feuillage touffu qui, étant chargé de rosée, aurait été secoué vigoureusement par l'ouragan, ou plutôt par la main de Dieu. Nous sentions en même temps une odeur de soufre, et l'on entendait le bruit des pierres se répandant avec fracas des caves supérieures dans les caves inférieures. Comme je l'ai dit, nous nous trouvions dans les ténèbres les plus épaisses ; il n'était resté debout qu'une lumière éloignée, qui ne nous servait qu'à mieux comprendre l'horreur de notre situation. Nous étions réunis et nous n'osions pas nous parler. Par le fait, nous nous trouvions littéralement entre la vie et la mort. Le bruit dura plus de quatre minutes, bien que les secousses eussent déjà cessé. Nous nous décidâmes, avec quelque hésitation, à sortir ; et, lorsque nous avions déjà les pieds posés sur les échelles, une nouvelle secousse se fit sentir ; elle nous eût infailliblement renversés si nous ne nous étions pas attendus à quelque chose de pareil. Après mille angoisses, nous eûmes le bonheur d'atteindre l'ouverture de la mine. La joie que nous ressentîmes alors n'est pas de celles qu'on peut décrire... »

BRUITS SOUTERRAINS

On a remarqué que les bruits sourds dont les tremblements de terre sont souvent accompagnés n'augmentent pas dans le même rapport que la violence des mouvements d'oscillation. Au moment de la grande secousse qui détruisit Riobamba, régnait un silence

complet. D'autres fois, les tonnerres souterrains reten-
tissent sans qu'il y ait de commotions.

« La nature du bruit, dit Humboldt, varie beaucoup ;
il roule, il gronde, il résonne comme un cliquetis de
chaînes entre-choquées ; il est saccadé comme les éclats
d'un tonnerre voisin, ou bien il retentit avec fracas
comme si des masses de roches vitrifiées se brisaient
dans les cavernes souterraines. On sait que les corps
solides sont d'excellents conducteurs du son, et que les
ondes sonores se propagent dans l'argile cuite dix ou
douze fois plus vite que dans l'air : aussi les bruits souterrains peuvent-ils s'entendre à une distance énorme
du point où ils se sont produits. A Caracas, dans les
plaines de Calabozo et sur les bords du Rio Apure, l'un
des affluents de l'Orénoque, c'est-à-dire sur une étendue de 1,300 myriamètres carrés, on entendit une effroyable détonation, sans éprouver de secousse, au moment où un torrent de lave sortait du volcan de Saint-
Vincent, situé dans les Antilles à une distance de 120
myriamètres. C'est, par rapport à la distance, comme
si une éruption du Vésuve se faisait entendre dans le
nord de la France. Lors de la grande éruption du Cotopaxi, en 1744, on entendit les détonations souterraines
à Honda, sur les bords de la Magdalena : cependant la
distance de ces deux points est de 21 myriamètres ;
leur différence de niveau est de 5,500 mètres, et ils
sont séparés par les masses colossales des montagnes de
Quito, de Pasto et de Popayan, par des vallées et des
ravins sans nombre. Évidemment le son ne fut pas
transmis par l'air ; il se propagea dans la terre à une
grande profondeur. Le jour du violent tremblement de

terre de la Nouvelle-Grenade, en février 1855, les mêmes phénomènes se reproduisirent à Popayan, à Bogota, à Santa Marta et dans le Caracas, où le bruit dura sept heures entières ; à Haïti, à la Jamaïque et sur les bords du lac de Nicaragua.

« Bien qu'ils ne soient pas accompagnés de secousses, ces bruits souterrains produisent toujours une impression profonde, même sur ceux qui ont longtemps habité un sol sujet à de fréquents ébranlements ; on attend avec anxiété ce qui doit suivre ces grondements intérieurs. »

LA GUADELOUPE — FADANG — MENDOZA

Nous complétons notre série de relations par quelques extraits relatifs à trois violents tremblements de terre de date récente.

Le 8 février 1843, à dix heures trente-cinq minutes du matin, par un temps serein, un grondement souterrain et de très-fortes secousses jetèrent tout à coup l'épouvante parmi les populations de la Martinique et de la Guadeloupe. La première de ces îles, bouleversée par un fléau semblable dans l'année 1839, eut peu à souffrir cette fois, mais la Guadeloupe offrit le plus affreux spectacle de ruine et de désolation. Sa capitale, Pointe-à-Pitre, s'écroula tout entière en quelques secondes, et l'incendie, éclatant au milieu des décombres, acheva l'œuvre de destruction. D'immenses crevasses d'où jaillissaient des tourbillons de vapeurs et de flammes, en-

gloutirent des centaines de victimes. On compta plus
de deux mille morts. La principale industrie du pays
fut momentanément détruite ; il ne resta debout que
trois moulins à sucre sur soixante qui étaient établis
autour de la Pointe-à-Pitre. Presque toute la récolte sur
pied fut perdue.

Un de nos compatriotes, établi au port de Padang, a
donné la description suivante du tremblement de terre
qui eut lieu, en 1861, dans la partie méridionale de l'île
volcanique de Sumatra :

« Le tremblement de terre commença par une commotion qui se fit sentir le 16 février, à sept heures du
soir, et qui dura environ cent quinze secondes. Grâce à
la construction particulière de nos maisons, le mal s'est
borné à peu de chose, bien que l'extrême violence des
trépidations du sol nous fit appréhender qu'aucune
d'elles ne pût résister. Tous les habitants s'enfuyaient
en criant. Quant à moi, je me croyais sur le pont d'un
navire battu par la tempête, et j'éprouvais tous les
symptômes du mal de mer.

« L'établissement de Singkel, sur l'extrême frontière
des possessions hollandaises, du côté du royaume
d'Achem, a disparu sous les eaux, par suite de l'affaissement de la presqu'île sur laquelle il était construit ; la
mer couvre aujourd'hui l'emplacement où s'élevaient
le fort et les magasins du gouvernement. La garnison
a été sauvée.

« A Polo-Nyas, la mer, refoulée sur ses rivages par
une violente commotion sous-marine, a complétement
rasé le fort, ainsi que l'établissement de Lagondie, et
emporté, en se retirant, quarante-neuf soldats et indi-

Fig. 54. — Épisode du tremblement de terre de Sumatra (1861).

gènes malais. Les secousses étaient si fortes que les hommes les plus robustes étaient violemment renversés sur le sol.

Du côté de Gunung-Sitalie, des villages entiers ne sont plus qu'un monceau de ruines ; un grand nombre d'indigènes ont été ensevelis sous les décombres.

« Sur la côte occidentale de la même île, le sol s'est affaissé sur divers points et soulevé sur d'autres ; des îlots de corail ont surgi du sein des eaux ; d'autres, au contraire, ont disparu. Des centaines d'indigènes ont trouvé la mort au milieu de ces bouleversements subits.

« A Baros et à Siboga la terre s'est entr'ouverte, et des sources d'eau bouillante ont jailli en divers points. Des témoins oculaires rapportent que çà et là le sol s'ouvrait et se refermait alternativement, comme si la terre se fût tordue sous l'effort du travail volcanique qui s'accomplissait dans son sein.

« Toute la côte d'Achem a été ravagée par l'invasion subite de la mer, qui, pénétrant dans l'intérieur des terres, a renversé maisons, arbres, récoltes, et emporté en se retirant un grand nombre d'habitants.

« Aux îles Batoa, la mer, soulevée par une force irrésistible à une grande hauteur, s'est élancée en bouillonnant dans l'intérieur des terres, anéantissant tout ce qui se trouvait sur son passage ; puis, se retirant avec la même rapidité, elle a enlevé sept cents indigènes sur une seule île, ne laissant derrière elle qu'un sol affreusement raviné où l'œil cherche en vain un vestige de la luxuriante végétation qui la couvrait quelques heures auparavant.

« La terre n'a pas, pour ainsi dire, cessé de trembler

depuis la soirée du 16 février ; nous avons pu constater chaque jour un plus ou moins grand nombre de secousses. Le Merapi, dont le cratère n'avait pas donné signe de vie depuis cinq ans, vomit en ce moment d'épaisses colonnes de fumée ; le Talang et le Singalang font entendre de sourdes détonations... »

Peu de jours après que l'archipel de la Sonde eut été ainsi bouleversé, une des plus terribles catastrophes dont l'histoire fasse mention anéantit la ville de Mendoza, située dans une belle position au pied du versant oriental des Cordillères, sur la route qui conduit de Buenos-Ayres à Valparaiso. Une minute suffit, dans la nuit du 20 mars, pour la renverser entièrement et la transformer en un vaste champ de ruines, dont les plus hautes ne s'élevaient pas à six pieds du sol.

La veille, un monstrueux météore bleu et rouge avait traversé le ciel, éclairant de vastes espaces et se dirigeant lentement d'orient en occident. A quelque distance de Mendoza, le volcan d'Aconcagua était en éruption.

« Jamais, de mémoire d'homme, une ville n'avait été surprise avec une telle violence, et sans que le tremblement eût été précédé, au moins, pendant quelques secondes, de ces grondements lointains et souterrains qui laissent le temps ou de fuir ou de se jeter dans les bras de ceux qu'on aime et de se faire un suprême adieu. Presque toujours les animaux pressentent le sinistre et l'annoncent à l'homme par leur agitation. Ce jour-là, en moins de quatre secondes, plus de dix-sept mille personnes furent enfouies sous les décombres. Des bruits épouvantables succédèrent, des cris terrifiants, des hurlements affreux d'hommes et d'animaux écrasés : des lueurs d'incendie se propagèrent avec rapidité, une poussière épaisse s'étendit dans l'atmo-. sphère, et le ciel fut obscurci comme dans les nuits les plus noires[1]. »

Nous emprunterons à la même relation un touchant épisode relatif à un de nos compatriotes, M. Tesser, riche hôtelier établi avec sa famille à Mendoza : « Un de ses amis intimes errait parmi les ruines : ses yeux étaient secs, il en avait versé toutes les larmes ; il s'arrêta sur l'emplacement de l'hôtel. Après avoir cherché en vain à en reconnaître l'ancienne distribution, il se retirait le cœur gonflé de soupirs, songeant à cet homme de bien et à cette famille qu'il avait tant aimés, quand il aperçut, à travers des masses informes de solives et de pierres calcinées, le chien de M. Tesser qui remuait ; il s'approcha : le pauvre animal, dont les deux jambes de derrière et une partie du corps avaient été écrasées, s'efforçait, malgré ses souffrances et sa faiblesse, de fouiller les décombres avec ses pattes de devant ; il poussait de temps en temps un hurlement plaintif ; dès qu'il vit cet ami de son maître venir près de lui, il s'agita et gémit plus vivement. L'ami comprit que Tesser devait être sous les décombres, et conçut l'espoir qu'il n'était pas mort. Il courut chercher quelques personnes, et avec leur aide, après beaucoup de travail, il parvint à découvrir en effet le corps du pauvre Tesser : son bras et sa jambe gauche, pris sous des poutres, étaient brisés ; sa bouche et ses yeux étaient pleins de

[1] Récit de M. Ernest Charton. *Magasin pittoresque*, t. XXXIII.

terre ; mais il respirait encore. Avant d'être parvenu à dégager ses membres, on lui lava la figure ; alors il parut soulagé, et, sans mot dire, instinctivement, il allongea le bras vers son chien, qui se traîna jusqu'à lui et expira quelques moments après.

« A peine Tesser fut-il en état de prononcer quelques paroles, qu'il demanda où était sa famille. Hélas ! tous avaient péri dans le grand désastre. En entendant cette réponse, il ferma les yeux avec désespoir ; puis, faisant un nouvel effort, il prononça le nom de sa petite fille, et indiqua du doigt un endroit séparé où il avait été la coucher. Quelques-unes des personnes qui venaient de le sauver voulurent bien, par compassion pour sa douleur, quoique sans aucun espoir, faire encore quelques recherches ; les autres s'occupèrent de panser ses membres cassés. Quelques minutes après, ceux qui lui rendaient ce service le virent tout à coup se dresser ; il poussa un cri : on lui rapportait sa fille encore vivante. Une poutre était tombée en travers du lit de l'enfant et l'avait protégée ; mais elle était assez gravement blessée à la tête ; elle avait les yeux et la bouche aussi remplis de terre ; elle était épuisée de faim. On les étendit l'un et l'autre sous une tente contre un arbre, et ils restèrent là plus de deux mois, moins près de la vie, semblait-il, que de la mort. Tesser pressait de son bras valide sa petite fille, son seul bien sur la terre, son seul espoir après tant de calamités. »

Le centre de la secousse paraît avoir été sous la ville même ; les villages qui l'entourent, quoique endommagés, ont relativement peu souffert. Valparaiso et ses environs éprouvent fréquemment des tremblements de

terre, mais depuis au moins cent ans il n'y en avait pas ·
eu sur le versant de Mendoza, et on admettait généralement qu'ils ne dépassaient pas les Cordillères. La plus
grande partie de la ville de San Juan, située aussi au
pied des Andes, à 40 lieues au nord de Mendoza, fut
ruinée en même temps, et trois mille personnes y périrent. A 130 lieues dans l'Est, l'église de Cordova s'é-
croula. La secousse a été aussi ressentie à Buenos-Ayres,
mais n'y a causé aucun dégât.

DISTRIBUTION GÉOGRAPHIQUE DES TREMBLEMENTS DE TERRE

On a remarqué que les ondulations qui se succèdent
dans les tremblements de terre ont d'ordinaire une direction constante, celle vraisemblablement suivant laquelle l'ébranlement se propage dans l'intérieur du
sol. Quelquefois cependant les secousses d'une certaine
direction alternent avec d'autres secousses d'une direction différente. Dans les tremblements de terre de Ca-
recas, en 1811, et du Chili, en 1822, les secousses du
nord au sud se croisaient de temps en temps avec d'autres de direction perpendiculaire. Il arrive aussi que
des tremblements composés résultent de secousses diverses qui se produisent simultanément.

La vitesse de propagation est variable et dépend de la
nature des terrains traversés. Pour le tremblement de
terre de Lisbonne on a reconnu, en se guidant d'après
les renseignements recueillis, que la vitesse avait été
cinq fois plus grande entre les côtes du Portugal et cel-

les du Holstein, que le long du Rhin. De Lisbonne à Glückstadt, séparés par la distance de 295 milles, l'ébranlement a parcouru 2,490 mètres par seconde ; c'est 1,075 mètres de moins que le son n'en parcourt dans un tuyau de fonte.

« Lorsque les ondes d'ébranlement, dit Humboldt, suivent une côte ou lorsqu'elles se meuvent au pied et dans la direction d'une chaîne de montagnes, elles paraissent quelquefois s'interrompre en certains endroits, et cela, depuis des siècles ; l'ébranlement n'a pas cessé pourtant : il s'est propagé dans l'intérieur, sans jamais se faire sentir dans ces points de la surface. Les Péruviens disent de ces couches supérieures, où l'on ne sent jamais d'ébranlement « qu'elles forment un pont. » Comme les chaînes de montagnes paraissent avoir été soulevées sur de longues failles, il est probable que les parois de ces fissures favorisent la propagation des ondes qui se meuvent dans leur direction. Cependant les ondes d'ébranlement se propagent quelquefois dans une direction perpendiculaire à celle de plusieurs chaînes parallèles. C'est ainsi que nous les voyons traverser à la fois la Cordillère du littoral de Venezuela et la Sierra-Parime.

« Il arrive aussi que les cercles d'ébranlement gagnent du terrain : il suffit, pour cela, d'un seul tremblement de terre plus violent que les autres. Les secousses qui agitèrent presque sans interruption, de 1811 à 1813, le sol des vallées du Mississipi, de l'Arkansas et de l'Ohio, allaient en gagnant vers le nord d'une manière frappante. On dirait des obstacles souterrains successivement renversés ; dès que la voie est libre, le mouvement ondulatoire s'y propage, chaque fois qu'il se produit [1]. »

Le recensement des tremblements de terre conduit à un partage de la surface du globe en régions différentes. On y distingue celles dans lesquelles ils sont violents et fréquents, de celles qui n'en ont que d'insignifiants et de rares. Les cartes construites avec de telles données auront une grande utilité quand elles comprendront une assez longue période d'observations et que l'on pourra y trouver des renseignements détaillés sur la stabilité des divers pays. Nous nous bornons ici aux indications les plus générales.

La partie du globe la plus exposée aux tremblements de terre comprend la Méditerranée et les contrées adjacentes, l'Asie Mineure, le Caucase, la mer Caspienne et les montagnes de la Perse. Elle se lie à une région volcanique de l'Asie centrale dont le foyer principal paraît être voisin du lac Baïkal. Le continent asiatique est donc soumis sur une grande étendue aux tremblements de terre, mais à l'exception des rivages de la mer Rouge et de la côte de Barbarie, l'Afrique en est entièrement exempte. D'autre part, en dehors des terribles secousses qui agitent les pays situés à l'ouest des Andes, la chaîne même des Andes, les Antilles et les bords du golfe du Mexique, le phénomène est très-rare sur le continent américain.

On a généralement observé en Europe plus de tremblements de terre en automne et en hiver qu'au printemps et en été. Dans un mémoire présenté à l'Acadé-

[1] *Cosmos.*

mie des sciences, M. Alexis Peyré, qui recueille depuis
un grand nombre d'années tous les documents relatifs
à ces phénomènes, arrive à conclure que leur fréquence
augmente dans les syzygies et lorsque la lune est dans
le voisinage de son périgée. Les secousses, d'après lui,
sont aussi plus fréquentes quand la lune est dans le
voisinage du méridien que quand elle en est éloignée
de 90°.

Les notions que nous possédons sur les tremblements
de terre qui ont agité le sol de la France avant l'an 1000
sont peu certaines. On cite le célèbre tremblement de
468, qui ruina Vienne, en Dauphiné, et à la suite duquel
saint Mamert, évêque de cette ville, institua les *Roga-
tions*, celui qui en 842 régna pendant sept jours dans
le nord de la France et ceux de 801, 829 et 950, qui
furent à peu près généraux en Europe.

De l'an 1000 à nos jours on trouve dix-neuf exemples de tremblements de terre ayant renversé des édifices publics ou des maisons. L'ouest, le nord-ouest et le
nord de la France ont été moins maltraités que la région du sud-est, plus rapprochée du foyer volcanique
actif de l'Italie. Le septième du nombre total des tremblements de terre a été observé en Provence et dans une
zone qui longe les Pyrénées, quoique la surface de ces
deux régions soit à peine égale à la vingtième partie de
notre territoire.

Pendant l'année 1866, plusieurs secousses qui n'ont
produit que des dégâts de peu d'importance, ont été
ressenties en France. Au commencement de 1867, il y
a eu de violentes oscillations en Algérie. Le 3 janvier,
à sept heures treize minutes du matin, on entendit un

roulement sourd, suivi pendant huit secondes d'une série de secousses saccadées qui se reproduisirent à neuf heures trente-six minutes. Dans beaucoup de localités des maisons s'écroulèrent, et l'on eut à déplorer la mort de plus de soixante personnes. La partie centrale de notre colonie ressentit seule ces mouvements, dont la direction était du nord-est au sud-ouest.

Des catastrophes semblables, en corrélation manifeste avec les éruptions volcaniques de Santorin, ont bouleversé l'île de Mételin, près des côtes de l'Asie Mineure, ainsi que les îles d'Ithaque et de Céphalonie, à l'entrée du golfe de Corinthe.

Plus récemment, un formidable tremblement de terre a eu lieu à Java ; il a duré deux minutes. C'est à quatre heures vingt-sept minutes de l'après-midi que la première secousse a été ressentie. Des villages entiers ont été détruits, ensevelissant sous leurs ruines un grand nombre de victimes.

VOLCANS DE BOUE. — SOURCES ET PUITS DE FEU
SOURCES THERMALES

VOLCANS DE BOUE

Un grand nombre de salses paraissent se rattacher
aux volcans éteints et en représenter une dernière phase.
Les masses énormés de boue produites par leurs éruptions sont, sur certains points, assez considérables pour
former des montagnes. Quelquefois des volcans encore
actifs donnent naissance à ce phénomène, ainsi qu'on
l'a vu en 1797 près de Quito. L'explosion commença
par un tremblement de terre qui ébranla le pays sur
une étendue de 170 lieues du sud au nord et de 140 de
l'ouest à l'est. Au centre de cette zone, quantité de villages furent renversés ou ensevelis sous les boues des-
cendues du sommet des montagnes volcaniques. Nous

avons déjà donné la description de cette catastrophe qui ne laissa pas une maison debout dans le vaste espace ébranlé autour de la ville de Riobamba. Des torrents de boue s'échappèrent de la base du volcan de Tunguragua, et formèrent des courants qui, dans les vallées, s'élevèrent jusqu'à 600 pieds de hauteur. La boue déposée par eux, barrant le cours des rivières, donna naissance à des lacs. Ces torrents boueux proviennent fréquemment de la fonte des glaces et des neiges qui couvrent les cratères, ou encore de la condensation des énormes quantités de vapeur qui se dégagent par la bouche du volcan, et retombent en pluie, mêlées aux cendres qu'elles entraînent.

A l'extrémité nord-ouest de la chaîne du Caucase, la presqu'île de Taman et la partie orientale de la Crimée offrent un assez grand nombre de collines qui ne sont évidemment que d'anciens volcans boueux.

L'une des salses de Taman a fait éruption le 27 février 1793. A la suite de fortes détonations souterraines, une colonne de feu, à demi voilée dans une épaisse vapeur, s'est élevée à plusieurs centaines de pieds, accompagnée d'une abondante émission de boue et de gaz.

En Islande, de nombreuses sources de boue s'élancent du milieu de petits bassins semblables à des cratères.

Sur le continent américain, un des plus remarquables groupes de salses est situé près du charmant village de Turbaco, à 2 milles et demi de Carthagène, dans la Nouvelle-Grenade. La description en a été donnée par Humboldt, et, plus récemment, par M. Vauvert de Méan. Les *volcancitos*, au nombre de dix-huit ou vingt, s'élèvent au milieu d'une plaine déserte, qu'entoure une grande forêt de palmiers, et que dominent, à l'horizon, les hautes cimes neigeuses de Santa Marta. Les éruptions de gaz et de boue sortent, comme à Taman, du sommet de petits cônes tronqués formés de terre glaise, qui ont 6 et 8 mètres de hauteur, et 60 et 80 mètres de diamètre à la base. La partie supérieure de l'entonnoir est remplie d'une boue liquide, constamment agitée par le dégagement de grosses bulles de gaz qui en sortent avec violence. Près des ouvertures, on entend par intervalle des détonations sourdes qui précèdent les éruptions. Les observations faites depuis Humboldt prouvent que les émanations gazeuses subissent des changements chimiques, et le même fait a été constaté pour les salses de Taman.

En 1839, une puissante éruption de flammes et un bouleversement du sol accompagnèrent la disparition du cône volcanique placé sur le cap Galera-Zamba, à 8 milles de Carthagène. L'étroite langue de terre qui formait le cap fut ainsi séparée du continent par un canal de 30 pieds de profondeur. Au mois d'octobre 1848, une nouvelle et formidable éruption ignée se produisit à l'endroit même de la rupture ; une île fut soulevée du fond de la mer voisine et disparut peu de temps après. Tout porte à croire que le volcan sous-marin de Galera-Zamba est le principal foyer du phénomène des salses dans la province de Carthagène, où il existe des centaines de cônes vomissant de l'argile salée sur une surface de 400 lieues carrées. Plus de 50 *volcancitos*, semblables à ceux de Turbaco, entourent maintenant, dans un rayon de 4 à 5 milles, la presqu'île de Galera-Zamba.

A Java et dans plusieurs autres îles de l'archipel Indien, il existe des salses semblables à celles de Turbaco. Les gigantesques volcans de Java vomissent fréquemment des torrents de boue qui dévastent la contrée et qui paraissent provenir des profondeurs souterraines, ou quelquefois du mélange de prodigieuses quantités de cendre avec le contenu des cratères-lacs, revêtus à l'intérieur d'une couche impénétrable à l'eau, formée par des cendres et des conglomérats. On en trouve aussi qui sont creusés dans le granit, le basalte ou autre roche dure et massive. La formation de ces grands bassins en forme de coupe est attribuée, par M. Poulett-Scrope, aux puissantes explosions des bulles énormes qui se forment à la surface d'un réservoir de lave très-liquide, lorsqu'une masse de vapeur, à un haut degré de tension, s'élève des profondeurs et fait entrer, pour ainsi dire, la lave en ébullition. Dana, à Hawai, et Darwin dans les Galapagos, ont observé des bulles de plusieurs mètres de diamètre, et il n'est pas impossible que ces bulles aient pu quelquefois se réunir en une seule ampoule colossale à la surface de la lave.

SOURCES ET ILES DE BOUE

Dans une remarquable étude[1] sur le rôle des éléments liquides dans l'intérieur de la croûte terrestre, un sa-

---

[1] *Essai sur l'hydrologie.*

vant observateur, M. R. Thomassy, a recueilli nombre
de faits qui tendent à démontrer la présence d'une
énorme quantité d'eaux pluviales dans les fissures, les
crevasses et les cavités produites par les bouleversements souterrains. Ces eaux, échappées soit à l'écoulement superficiel, soit à l'évaporation, pénètrent et cir-
culent dans les entrailles du globe, qui ne s'entr'ouvrent
presque jamais sous l'effort des volcans sans que l'eau,
soit à l'état liquide, soit à l'état de vapeur, n'en sorte
en même temps que le feu.

Nous avons déjà cité l'opinion de M. Daubrée sur la
possibilité d'une infiltration capillaire au travers des
matières poreuses. Les *Études sur le métamorphisme*,
du même savant expérimentateur, contiennent encore
le passage suivant : « Dans les exhalaisons volcaniques,
il est un corps qui n'a pas tout d'abord fixé l'attention,
parce que, sous l'empire des idées anciennes, il semblait tout à fait inerte, surtout en présence des minéraux dont il s'agit d'expliquer la formation. Il n'y existe
pas en quantité minime, comme les vapeurs dont nous
venons de nous occuper ; c'est, au contraire, le produit
à la fois le plus abondant et le plus constant des éruptions dans toutes les régions du globe... Nous ne con-
naissons des masses situées à une certaine profondeur
que ce qu'en apportent les volcans ; or ces déjections
renferment toutes, sans exception, de l'eau, soit com-
binée, soit mélangée ; nous sommes donc en droit de
penser que l'eau joue un rôle tout à fait important
dans les principaux phénomènes qui émanent des profondeurs. »

M. Thomassy insiste sur l'action des eaux dans les

pays calcaires, où elles produisent une multitude d'excavations naturelles très-profondes. En Grèce, dans la plaine de Mantinée, qui forme un bassin sans issue, on voit, après de grandes pluies, les torrents s'engouffrer et disparaître à travers les cavernes et dans les fissures des montagnes. Les eaux, ainsi absorbées, doivent sortir quelque part, et parfois y reparaître en sources jaillissantes. Des sources de cette nature, surchargées de sédiments et paraissant provenir des masses d'eau englouties dans les vastes formations calcaires du Missouri, se rencontrent en très-grand nombre aux bouches du Mississipi, où elles produisent le remarquable phénomène des îles de boue. M. Thomassy cite la description d'une de ces îles, donnée par le professeur Forshey :

« Sa longueur est d'environ 600 pieds, et le maximum de sa hauteur actuelle de 7 pieds 4 pouces. Non loin de la pointe orientale est une source salée, qui constitue le principal cratère de cette île et en explique la formation. Quand on s'en approche, on aperçoit un cône de 2 à 3 pieds de haut sur 50 de base, du sommet duquel s'échappe continuellement une boue couleur de plomb, à laquelle se joignent, de temps à autre, des émissions de gaz. La boue coule lentement sur les pentes, se fixe et s'ajoute aux dépôts qui vont toujours s'accroissant. Cet accroissement continue jusqu'à ce que l'élévation ainsi formée atteigne environ 7 pieds au-dessus des eaux environnantes. La source s'arrête alors, mais pour aller faire irruption sur une place moins élevée, où elle recommence le même genre de travail. La surface de l'île porte les traces de plusieurs monticules semblables.

« Dans un sondage de la source, fait à l'aide d'un
pont de bois improvisé, le plomb atteignit 25 pieds. Pareils sondages atteignirent ailleurs 25 mètres ; mais
l'épaisseur de la boue retint le plomb qui se perdit par
la rupture de la ligne. Quant à l'eau, qui est d'un goût
très-salé, sans aucun autre mélange, elle dépose son sel
par l'évaporation, et l'île entière brille de cristaux ainsi
déposés sur son argile. »

La formation des îles de boue (*mud-islands*) est due,
suivant M. Thomassy, à la force de soulèvement exercée
par des nappes d'eau souterraines, plus ou moins élevées au-dessus des bouches du fleuve. Les boues sont
remarquables par leur adhérence ; et le sol qu'elles dé-
posent, presque toujours ferme et solide, donne aux
îles un caractère particulier, qui indique leur vrai rôle
géologique. « Sentinelles de la terre ferme, avancées
en pleine mer, et groupées tout autour de l'embouchure
du fleuve, elles y offrent des points d'arrêt aux alluvions incertaines, et y fixent bien des bois de dérive qui
auraient été dispersés à tous les vents du golfe. Or
ceux-ci, une fois échoués sur leurs bords, y favorisent
aussitôt les atterrissements de toute nature. Les petites
îles s'agrandissent ainsi de chaque nouvelle crue ; et
comme toutes en font autant, on s'explique la rapidité
de développement propre au delta du Mississipi. »

La lutte originaire de l'eau et du feu est un des principes fondamentaux de la géologie, et cette lutte se continue encore. Mais en nous plaçant au point de vue de
M. Thomassy, nous voyons que ces deux éléments, en
apparence contraires, concourent dans l'œuvre de la
création, que leur rôle est égal dans la formation du

globe, et qu'au lieu « d'insister sur leur ancien antagonisme, c'est leur accord qu'il faudrait faire ressortir. »

MONTAGNES ARDENTES — SOURCES ET PUITS DE FEU

Les sources de gaz inflammable, les montagnes ardentes, ont été, dans l'antiquité, l'origine des légendes qui, suivant la juste pensée de Humboldt, furent nos premiers pressentiments de la vérité. Partout où se produisaient de semblables phénomènes, les poëtes anciens avaient placé des monstres, des géants terribles, dont les puissants efforts causaient à la fois les convulsions souterraines et les éruptions qui les suivent. Ainsi, par exemple, le volcan situé sur le Cragus, haut promontoire de la Lycie, était gardé par la Chimère, monstre fantastique qui, de sa gueule béante, vomissait des tourbillons de flammes. Strabon parle des huit sommets du Cragus, et Pline le cite comme un de ces phares naturels allumés sur les cimes de la Méditerranée, qui servaient de guide aux premiers navigateurs.

La Chimère, située sur les côtes de Caramanie, près de Deliktash, l'ancienne Phaselis, est encore aujourd'hui une source de gaz constamment enflammée.

Strabon cite un phénomène semblable observé dans la Cappadoce, près de la célèbre ville de Césarée, située au pied d'un ancien volcan, l'Argée, la plus haute parmi toutes les montagnes de l'Asie Mineure.

LE CAUCASE — FEUX DE BAKOU

« L'étude des mythes populaires ne peut être séparée de la géographie des volcans et de leur histoire ; souvent ces deux ordres de faits s'éclairent réciproquement. » La poétique légende du dragon des Hespérides se retrouve à l'autre extrémité de l'ancien monde, où le dragon de Colchos indiquait aussi l'existence d'une région volcanique. Phérécyde, de Samos, cité par Humboldt, disait dans sa *Théogonie* : « que Typhon poursuivi se sauva sur le Caucase, que la montagne s'enflamma, et qu'il se réfugia de là en Italie, où l'ile Pithécusa (Ischia) fut jetée, et pour ainsi dire coulée autour de lui. » Cette fable est évidemment un souvenir des éruptions volcaniques du Caucase, ainsi que le récit d'Apollonius de Rhodes, qui place dans cette montagne *le rocher de Typhon*, sur lequel ce géant fut frappé de la foudre par Jupiter, fils de Kronos (le Temps).

Ces personnifications mythiques des phénomènes résultant de la combinaison des éléments atmosphériques et terrestres, ces allusions aux catastrophes physiques dont l'ancien monde avait été le théâtre, n'indiquent pas seulement, suivant la juste observation de M. Guigniaut[1], que la création se développe par la lutte et le combat, ainsi que par l'union : elles montrent aussi l'avénement d'un nouveau principe générateur qui, par

---

[1] *De la théogonie* d'Hésiode.

Jupiter, ordonne le monde, sorti du chaos primitif, « dans l'étendue et dans la durée. »

Les volcans de boue et les feux de naphte du Caucase sont disposés sur des lignes déterminées, qui indiquent la grandeur et la liaison de ces phénomènes. Dans la haute vallée de Kinalughi, à 7,800 pieds au-dessus de la mer, brillent les feux éternels du mont Schagdagh. Nous ne décrirons ici que les sources de naphte de Bakou, situées à l'extrémité sud-est de la chaîne caucasienne.

« On sait que le naphte est une espèce de bitume liquide très-inflammable. Le sol sur lequel est bâti Bakou en est plein ; si on introduit assez profondément, en quelque endroit que ce soit, un bâton dans la terre, et qu'on approche une lumière de l'orifice du trou que l'on a fait, on a immédiatement un bec de gaz.

« La végétation autour de Bakou est à peu près nulle, non que le sol ne puisse être fertile ; il est chauffé surabondamment par les feux souterrains, mais l'eau manque, ce qui fait qu'un jardin est, à Bakou, un luxe princier.

« En tout temps, la ville de Bakou a été considérée comme une ville sainte par les Guèbres. C'est un couvent de Parsis, situé près de Bakou, qui renferme le fameux sanctuaire Atesh-Gah, où brûle le feu éternel.

« Les prêtres sont au nombre de trois seulement : ils sont venus de Delhi ; ils ont un autre couvent à Bombay. Persécutés par les mahométans, depuis l'an 655, les Parsis sont proscrits et dispersés : ils ne mangent jamais rien de ce qui a vécu ; ils ne doivent jamais verser le sang. Ces pauvres gens sont les plus doux et les plus inoffensifs des hommes; ceux qui sont à Atesh-Gah y vivent paisiblement sous la protection de la Russie.

« Nous arrivons dans une vaste plaine : des feux s'échappent d'ouvertures irrégulièrement placées; au

Fig. 53. — Feux de Bakou.

milieu s'élève un édifice crénelé; de chaque créneau sort une gerbe de flamme; un foyer plus intense, composé de cinq feux, couronne la plus haute coupole.

« A l'intérieur, le spectacle est imposant : partout le feu sort de terre; sous la coupole centrale, l'autel est couvert de flammes...

« Il nous reste à voir les feux de mer. Le lendemain,

nous nous dirigeons en canot, par une belle nuit, jusqu'aux émanations de naphte, qu'on devine de suite à
leur odeur. Un des matelots, muni d'étoupes, en allume
quelques-unes, et les jette à la mer, à un endroit où elle
semble bouillonner ; à l'instant même, toute la surface
de la mer s'enflamme sur une étendue d'une quaran-
taine de mètres. Nous allons plus loin répéter la même
expérience, et l'incendie se propage ; nous voguons sur
un océan de feu. Quels décors ! quelle féerie ! Il faut
enfin nous éloigner ; derrière nous brillent toujours les
feux, et ils brûleront jusqu'à ce qu'un vent impétueux
vienne les éteindre, ce qui peut se faire attendre quinze
jours et même un mois.

« A l'extrémité du cap de l'Apscheron, se trouve une
île appelée Sviatoï (la Sainte), parce que, comme Bakou,
elle a des puits de naphte.

« Autour de la ville, sur le bord de la mer, on a
creusé des puits, dont la profondeur varie de 5 à 20 mètres, à travers une marne argileuse, imbibée de naphte.
La plus grande quantité donne du naphte noir, quinze
donnent du naphte blanc.

« On n'approche jamais du feu de ces puits en exploi-
tation ; ils s'enflammeraient et on ne pourrait les éteindre. J'en ai vu un immense, qu'un accident a enflammé
au commencement de ce siècle ; il brûle encore[1]. »

Aux environs d'Atesh-Gah, le gaz inflammable, qu'on
obtient au moyen de roseaux enfoncés dans le sol,
sert non-seulement aux usages domestiques, mais en-

---

[1] *Voyage au littoral de la mer Caspienne*, par M. Moynet. (*Tour du
monde.*)

core à entretenir les fours à chaux et à consumer les cadavres.

M. A. Ducas, qui a donné, dans le *Journal des mines*, d'intéressants détails sur ces sources naturelles, cite un phénomène extraordinaire observé dans les environs de Bakou. « Après les pluies chaudes de l'automne, par les soirées brûlantes, toutes les campagnes paraissent en flammes ; souvent le feu roule le long des montagnes en masses énormes ; quelquefois il reste immobile. Mais ce feu ne brûle pas : le voyageur, pris au milieu de cet embrasement général, n'éprouve aucune sensation de chaleur. Les récoltes, les foins, les roseaux restent intacts. On a observé que durant ces incendies fantastiques le tube vide du baromètre paraissait en feu, ce qui porte à penser que ce phénomène tient tout à fait à l'électricité. »

SOURCES DE GAZ

En Amérique, dans l'État de New-York, un nombre infini de sources de gaz sont en partie utilisées pour l'éclairage. Mais c'est surtout en Chine que l'industrie humaine a su mettre à profit ce phénomène, et même, par un ingénieux procédé de forage, obtenir à la fois de l'eau pure, de l'eau saline et du gaz à brûler, que l'on conduit au loin dans des tuyaux de bambou, et dont on se sert pour faire du sel, pour chauffer les maisons et éclairer les rues.

PUITS DE BITUME

Les bitumes sont des substances combustibles, liquides ou visqueuses, quelquefois solides, qu'on divise en
plusieurs variétés principales, le naphte, le pétrole, l'asphalte, etc. On a longtemps discuté sur l'origine des
bitumes, mais les géologues sont maintenant d'accord
pour les regarder comme des produits volcaniques.

Les pétroles ou *huiles de pierre* accompagnent presque toujours les salses et les dégagements de gaz qui
s'échappent de l'intérieur de la terre. Ces huiles se trouvent en une foule de localités, dans l'Inde, en France,
en Angleterre, en Italie, en Sicile, etc. Près des îles du
Cap-Vert, on a vu le pétrole nager à la surface de la
mer. Dans le golfe du Mexique, dont le fond a été souvent ébranlé par des phénomènes volcaniques, on voit
flotter le *goudron de mer* sous forme d'une huile noirâtre qui atteste l'existence de sources bitumineuses
sous-marines. Le golfe de Cariaco, près de Cumana,
présente le remarquable phénomène d'une source de
naphte qui jaillit de la mer et la colore en jaune sur une
longueur de près de 1,000 pieds. Plus à l'est, on rencontre le terrain creux qui, pendant les grands tremblements de terre de 1766, a jeté de l'asphalte et du
pétrole.

C'est en Amérique qu'on a découvert, depuis quelques années, les sources les plus abondantes de pétrole.
En 1827, pendant qu'on faisait un sondage pour cher-

cher des sources salées près de Burksville, on vit jaillir d'une profondeur de 200 pieds une source d'huile dont l'apparition fut accompagnée d'un grondement souterrain. Le jet s'élevait à plus de 12 pieds au-dessus du sol, et le puits se trouvant près de la rivière Cumberland, l'huile en couvrit la surface à une grande distance. Une

Fig. 56. — Puits de bitume.

torche ayant été approchée pour vérifier si cette huile était inflammable, on vit aussitôt la rivière couverte de grandes flammes qui causèrent de graves dommages aux propriétés riveraines.

Il existe en Pensylvanie de nombreux puits ou sources d'huile minérale. On avait depuis longtemps remarqué,

dans la partie ouest de cet État, que des matières hui-
leuses apparaissaient de temps à autre à la surface du
sol. « Dans le courant de l'été 1859, un fermier, nommé
Drake, entreprit le forage d'un puits. La ferme de
M. Drake est située sur le bord d'une rivière, à 28 milles
de Meadville. Lorsqu'en forant on eut atteint une profondeur de 69 pieds, on trouva, au lieu de l'eau qu'on
cherchait, une huile abondante; on la recueillit à l'aide
d'une pompe, et, en l'examinant, on reconnut qu'elle
était de très-bonne qualité. D'autres puits furent creusés
à côté du premier et donnèrent les mêmes résultats. Les
curieux affluèrent par centaines, et l'attention publique
fut surexcitée par divers incidents. Ainsi on vit l'huile
jaillir avec force d'un trou creusé dans le roc. Un puits
appelé *Chase*, du nom de son propriétaire, eut par moments de véritables éruptions d'huile.

« Cette découverte a complétement transformé les
bords paisibles de la rivière d'Oil-Creek, qui traversait
un pays primitif très-pittoresque, mais presque inha-
bité. Quelques mois ont suffi pour tout changer; car le
puits de Drake n'a été ouvert qu'en août 1859, et les
plus importants ne datent que de l'été de 1860. Une
nuée d'aventuriers s'est abattue sur cette nouvelle terre
promise et a entrepris des forages de tous côtés. On se
croirait au milieu des campements de la Californie; on
ne voit partout que des charpentiers occupés à con-
struire des huttes, des hangars et des granges qui ne
tarderont pas à faire place à une ville florissante.

« La profondeur à laquelle on rencontre l'huile varie
de 30 à 400 pieds; la moyenne est de 150. Le nombre
de puits actuellement ouverts s'élève à près de deux

mille. L'huile, à mesure qu'on la recueille, est con-
duite au moyen de canaux grossièrement faits, jusqu'à
d'immenses cuves qu'on a soin de placer à une assez
grande distance du puits. Cette précaution est indispen-
sable, à raison de l'excessive inflammabilité de l'huile ;
les incendies fréquents et d'affreux accidents ont fait à
tout le monde une loi de la prudence[1]. »

SOURCES THERMALES — GEYSERS DE LA NOUVELLE-ZÉLANDE

La formation des sources thermales doit être aussi
attribuée en grande partie au phénomène lent, continu
et régulier des infiltrations. Ces sources sont répandues
sur toute la surface du globe et jaillissent depuis le lit
de la mer jusqu'aux couches les plus élevées des montagnes. Les sources bouillantes ne se trouvent qu'aux
environs des volcans en activité. Nous avons déjà décrit
les sources intermittentes d'Islande, les geysers ; des
sources semblables ont été découvertes en Californie,
sur le versant oriental de la chaîne de Sierra Nevada,
non loin du lac de Washo. L'eau s'élève en jets à une
hauteur de 7 mètres ; les jets se suivent à un intervalle
de cinq minutes et produisent un bruit qui imite le
fracas du tonnerre.

Un savant naturaliste, M. Ferdinand de Hochstetter,
a récemment décrit, dans son *Voyage de la Nouvelle-
Zélande (Tour du monde)*, les nombreux volcans, les

---

[1] *Moniteur universel.*

eaux thermales, les geysers, qui présentent tant de curieux aspects et de grands contrastes dans cette magnifique contrée :

« Sur la côte orientale du lac Taupo sont des sources chaudes jaillissantes que les indigènes désignent sous le nom de *Wairaikies*. Je m'y rendis par la rive gauche du Waikato.

« ... Des deux côtés du fleuve, les buissons des rives recouvrent des amas de vase bouillante dont on ne doit s'approcher qu'avec une extrême précaution, car le sol amolli cède sous le moindre poids. Le plus grand de ces bassins limoneux a une forme elliptique et mesure 14 pieds de long, 8 de large et autant de profondeur. Là bouillonnait une vase d'oxyde de fer d'un rouge vif, et des bulles visqueuses éclataient en répandant une fétide odeur de soufre. C'était un spectacle vraiment infernal.

« Sur la rive opposée se trouve la source thermale de Tuhi-Tarata. L'eau, d'un bleu d'azur, forme une cascade entourée de vapeurs sur des gradins de tuf dont les étages descendent jusqu'au fleuve, et qui brillent des couleurs les plus variées. Le même spectacle se reproduit sur différents points, accompagné de jets périodiques à intervalles plus ou moins longs.

« ... Je me dirigeai ensuite vers le Rorotua, lac volcanique qu'alimentent des sources thermales. Dans le voisinage de ce lac se trouve un petit bassin, le Rotomahana, qui mesure à peine 1,300 mètres en longueur sur 500 de large. C'est un vrai cratère d'explosion, profond à son centre, bordé de marécages au nord et au midi, encadré de rochers à l'est comme à l'ouest. On lui a donné avec raison le nom de lac thermal ; la quantité d'eau bouillante qui coule des sources voisines est si considérable que le lac tout entier en est échauffé.

« Au nord-est se trouve le Te-Ta-Rata, source bouillonnante, qui, descendant de terrasse en terrasse jusque dans le lac, est la plus grande merveille de ce

Fig. 57. — Le Te-Ta-Rata (Nouvelle-Zélande).

merveilleux pays. Sur la pente d'une colline couverte de fougères, à 80 pieds environ de Rotomahana, se trouve le principal bassin, dont les parois d'argile rouge ont de 30 à 40 pieds de haut. Il est long de 80 pieds, large de 60, et rempli jusqu'au bord d'une eau parfaitement claire et limpide, qui doit à la blancheur de neige des

stalactites de ses bords de paraître d'un admirable bleu
de turquoise, irisé parfois de teintes d'opale. Sur le
bord du bassin, je constatai une température de 84° cen-
tigrades ; dans le milieu, où l'eau s'élève à une hauteur
de plusieurs pieds, elle a la chaleur de l'eau bouillante.
D'immenses nuages de vapeur, qui réfléchissent la belle
couleur bleue du bassin, tourbillonnent au-dessus et
arrêtent le regard ; on entend toujours le bruit sourd
du bouillonnement des eaux. L'indigène qui nous servait de guide nous dit que parfois toute la masse des
eaux est lancée soudainement avec une force immense,
et qu'alors on peut apercevoir, à 30 ou 40 pieds de profondeur, le bassin vide, qui, à la vérité, se remplit
très-promptement. Si le fait est vrai, la source du Te-
Ta-Rata est sans doute un geyser à longues intermit-
tences.

« L'eau a un goût légèrement salé, mais nullement
désagréable. Comme dans les sources islandaises, le
dépôt est une stalactite siliceuse. En s'écoulant du bassin, cette eau thermale a formé un système de terrasses qui, blanches et comme taillées dans du marbre de
Paros, forment un coup d'œil dont aucune description,
aucune image ne peut donner l'idée ; il faut avoir gravi
ces gradins d'albâtre et avoir examiné les particularités
de leur structure pour savoir combien elle est merveil-
leuse.

« Le pied de la colline s'avance très-loin dans le Ro
tomahana ; au-dessus commencent les terrasses contenant des bassins dont la profondeur répond à la hauteur
des degrés de ce gigantesque escalier : plusieurs ont
2 à 3 pieds, quelquefois 4 et 6. Chacun de ces gradins

a un petit rebord élevé d'où pendent sur le degré inférieur de délicates stalactites, et une plate-forme plus ou
moins grande qui renferme un ou plusieurs bassins
d'un bleu admirable. Ce sont autant de baignoires naturelles que l'art le plus raffiné n'aurait pu rendre ni
plus commodes ni plus élégantes.

« La terrasse la plus élevée entoure une large plate-
forme, dans laquelle sont creusés plusieurs jolis bassins
de 5 à 6 pieds de profondeur. Au milieu de cette plate-
forme s'élève, tout près du bassin principal, un rocher
d'environ 12 pieds de haut, couvert de buissons de
manukas, de lycopodes, de mousses et de fougères ; on
peut y monter sans danger, et, de là, le regard plonge
dans l'eau bleue et couverte de vapeurs du bassin central. Telle est la célèbre source du Te-Ta-Rata. Le blanc
pur des stalactites, qui fait ressortir le bleu foncé de
l'eau, la verdure de la végétation environnante, le rouge
vif des parois nues du cratère aquatique et enfin ses
nuages de vapeurs qui tourbillonnent sur eux-mêmes
en se renouvelant sans cesse, tout contribue à former
un tableau unique et merveilleux [1]. »

INFLUENCE DES SOURCES THERMALES

Humboldt a le premier fait connaître le remarquable
phénomène d'une source thermale donnant naissance à
une rivière chargée d'acide sulfurique, le Rio Vinagre,

[1] *Tour du monde,* r.° 280.

qui jaillit à 10,000 pieds de hauteur environ, du versant nord-ouest du volcan au pied duquel est bâtie la
ville de Popayan. La rivière de Vinagre forme trois cascades pittoresques, dont l'une tombe verticalement de
500 pieds de haut. Il existe aussi à Java un cratère-lac,
nommé Taschem, dont l'eau est si fortement imprégnée
d'acide sulfurique, qu'aucun poisson n'y peut vivre.

Les sources thermales sont presque toujours chargées
de matières minérales en dissolution, qu'elles empruntent aux roches avec lesquelles elles entrent en contact.
Elles reportent souvent ces éléments à d'autres roches,
et sont ainsi d'une haute importance géologique. M. de
Sénarmont, dans ses belles recherches sur la formation
des minéraux[1], a montré que ces sources ne sont pas
seulement des agents de destruction, mais aussi qu'elles
transforment et créent, en circulant à l'intérieur de la
terre, et qu'ainsi l'existence des gîtes métallifères très-
importants « ne suppose pas toujours des conditions ou
des agents très-éloignés des *causes actuelles*. »

Au moyen des agents chimiques, les plus répandus
dans les sources thermales, M. de Sénarmont a pu reproduire artificiellement vingt-neuf espèces minérales
distinctes et imiter « les phénomènes que nous voyons
encore se réaliser dans les foyers où la création minérale a concentré les restes de cette activité qu'elle dé-
ployait autrefois avec une toute autre énergie. »

Nous avons déjà parlé des *fumeroles* ou jets de vapeur
qu'on trouve sur les pentes des volcans actifs, dans les
solfatares et dans beaucoup d'autres terrains. Les va-

peurs dont ces jets se composent entraînent aussi avec elles diverses matières qu'on reconnaît dans les eaux qui résultent de leur condensation.

Tout nous indique que les sources thermales et les

Fig. 58. — Sources thermales et fumeroles de la Nouvelle-Zélande.

fumeroles, maintenant assez rares, étaient infiniment plus nombreuses aux anciens âges de la Terre, et contribuaient à produire l'uniformité de température dont nous retrouvons partout les traces.

X

MÉTHONE

Le soulèvement de cette montagne sur la côte orientale de la Morée, entre Trézène et Épidaure, a vivement frappé les anciens. Les historiens, les voyageurs et les poëtes en parlent. Ovide met la description du phénomène dans la bouche de Pythagore : « On voit, près de Trézène, un pic aride et escarpé : c'était autrefois une plaine unie, maintenant c'est une colline. Les vapeurs enfermées dans de sombres cavernes cherchaient en vain une issue ; sous leur effort puissant, le sol se tuméfia comme une vessie qui se gonfle d'air ou comme une outre formée de la peau d'un bouc. La terre, ainsi soulevée, a conservé la forme d'une haute colline que le temps a changée en un dur rocher. » Cet événement, dont on fixe la date à 223 avant notre ère, paraît avoir

18

coïncidé avec le tremblement de terre qui détruisit Rhodes et Sicyone.

Des explosions volcaniques succédèrent au soulève ment, d'après la relation de Strabon. « Une éruption de flammes, dit-il, eut lieu près de Trézène ; un volcan surgit jusqu'à la hauteur de 7 stades. Le jour, il était inaccessible à cause de sa forte chaleur et de son odeur de soufre ; mais la nuit il s'en exhalait une bonne odeur. La chaleur dégagée était telle, que la mer bouillait sur une étendue de 5 stades ; à 20 stades de là, elle était trouble et encombrée de blocs de rochers rejetés par le volcan. » On peut supposer une erreur dans la hauteur donnée à la montagne ; quant à l'odeur agréable qui se répandait autour du foyer igné, elle a été observée dans d'autres éruptions volcaniques, et il y a lieu de croire qu'elle provient généralement de la présence du naphte.

Les géologues qui ont visité le promontoire de Méthone (Methada aujourd'hui) constatent très-bien sa formation volcanique par les nombreux filons de trachyte qui le traversent. Il a gardé la forme conique et renferme encore deux sources chaudes et sulfureuses.

Ce site, façonné par les feux souterrains, est aujourd'hui très-beau. On y aperçoit la plus grande partie du golfe d'Athènes. Arrosées par d'abondantes sources, les collines sont couvertes de magnifiques citronniers, au milieu desquels s'élèvent les ruines d'un temple de Diane.

SANTORIN

Le groupe de Santorin, Thérasia et Aspronisi, qui produit les meilleurs vins de l'Archipel, est aussi le foyer où l'activité volcanique a persisté le plus long-temps dans cette région. Aujourd'hui encore on y voit la nature à l'œuvre.

Suivant les anciens, ces trois îles avaient apparu au-dessus des eaux plusieurs siècles avant notre ère, à la suite de violents tremblements de terre. Elles forment une sorte d'anneau dans l'enceinte duquel d'autres îlots se soulevèrent à différentes époques, d'abord Hiéra, 186 ans avant Jésus-Christ, puis Micra-Kamméni, en 1573 et Néa-Kamméni de 1707 à 1712. Le résumé suivant d'une relation écrite lors de cette dernière érup-tion par des témoins oculaires, et citée par Arago[1], pourra donner une idée de la manière dont se produi-sent ces créations nouvelles.

« Le 18 et le 22 mai 1807, on ressent de légères secousses de tremblements de terre à Santorin.

« Le 23, au lever du soleil, on aperçoit entre les deux îlots nommés le grand et le petit Kamméni, un objet qu'on prend pour la carcasse d'un vaisseau naufragé. Des matelots se rendent sur les lieux, et au retour rap-portent, au grand étonnement de toute la population, qu'un rocher est sorti des flots. Dans cette région, la

[1] *Astronomie populaire.*

mer avait auparavant de 130 à 160 mètres de profondeur.

« Le 24, beaucoup de personnes visitent l'île nouvelle, y débarquent et ramassent sur sa surface de grandes huîtres qui n'avaient pas cessé d'adhérer au rocher. L'île montait à vue d'œil.

« Depuis le 23 mai jusqu'au 13 ou 14 juin, l'île augmente graduellement d'étendue et d'élévation, sans secousses et sans bruit. Le 13 juin, elle pouvait avoir 1 kilomètre de tour et 7 à 8 mètres de hauteur. Jamais il n'en sortit ni flamme ni fumée.

« Depuis le moment de la sortie de l'île, l'eau avait été trouble près de ses rives; le 15 juin, elle devint presque bouillante.

« Le 16, dix-sept ou dix-huit roches noires sortent de la mer entre l'île nouvelle et le petit Kamméni.

« Le 17, ces roches ont considérablement augmenté de hauteur.

« Le 18, il s'en élève de la fumée, et l'on entend pour la première fois de grands mugissements souterrains.

« Le 19, toutes les roches noires sont unies et forment une île continue, mais totalement distincte de la première. Il en sort des flammes, des colonnes de cendres et de pierres incandescentes. Ces phénomènes duraient encore le 23 mai 1708. L'île Noire, un an après sa sortie, avait 9 kilomètres de tour, 1,850 mètres de large et plus de 60 mètres de hauteur. »

L'année 1866 donne l'occasion d'ajouter la relation d'une nouvelle apparition d'îlots dans le grand cratère de Santorin. Cette apparition a été accompagnée de

Fig. 5?. — Nouveau volcan de Santorin (1866).

tremblements de terre dans la Morée, et il faut peut-être y rattacher celui que l'on a ressenti (au milieu de mai) dans le midi de la France. Les renseignements que nous résumons ont été donnés par le savant explorateur de l'Etna, M. Fouqué, envoyé sur les lieux par l'Académie des sciences.

Le 30 janvier, des bruits sourds et des mouvements lents du sol, à l'extrémité sud de Néa-Kamméni, sont les premiers indices de l'éruption prochaine. Le lendemain, les bruits redoublent d'intensité, et dans le port de cette île, appelé Voulcano, il se dégage de la mer une multitude innombrable de bulles de gaz.

Le 1er février, à cinq heures du matin, le sol se déchire profondément sur la côte et au sommet du cône central. Des flammes y apparaissent ainsi qu'à la surface de la mer, qui prend une coloration rougeàtre.

L'affaissement du sol au bord oriental du port de Voulcano devient très-marqué le 2. On entre en canot dans des maisons qui étaient auparavant de 2 et 3 mètres au-dessus du niveau de la mer. Bientôt apparaît dans le port même, au milieu d'une épaisse fumée, un récif qui, les jours suivants, se transforme rapidement, mais sans phénomènes violents, en un îlot auquel on donne le nom de *Georges*. Le 5 février, il forme un monticule ayant 70 mètres de longueur, 30 de largeur et 20 de hauteur. Les blocs qui couvrent sa surface sont sans cesse rejetés du centre vers la périphérie, comme si le développement de l'îlot se faisait par le centre. Les premiers de ces blocs sont noirs et froids, mais ils sont remplacés par d'autres dont la température est de plus en plus élevée. Bientôt ils deviennent incandescents, et l'îlot tout entier se montre lumineux dans l'obscurité avec une couronne de flammes rougeâtres.

Tous ces phénomènes augmentent jusqu'au 13, époque où le terrain émergé, qui s'est réuni à Néa-Kamméni et y forme un nouveau promontoire, remplit non-seulement le port de Voulcano, mais en dépasse l'ouverture de 60 mètres environ. Il devient alors le siége de violentes détonations accompagnées de projections de pierres incandescentes. En même temps, à 50 mètres environ de la côte, à l'ouest du cap Phlego, apparaît un autre îlot qu'on appelle *Aphroëssa*. Son développement est plus lent et surtout plus irrégulier que celui du premier îlot. Il s'enfonce et reparaît alternativement trois ou quatre fois avant de prendre une position stable.

Pendant trois semaines, des projections abondantes, accompagnées de détonations très-fortes, eurent lieu une ou deux fois par jour. L'îlot Georges, qui successivement avait atteint 50 mètres de hauteur, lança des blocs de plusieurs mètres cubes à une assez grande distance. L'un d'eux causa un accident qui répandit la terreur dans l'île. Il mit le feu à un navire de commerce après avoir blessé mortellement le capitaine.

Le 10 mars, l'éruption avait considérablement diminué, lorsqu'un nouvel îlot, *Réka*, parut près d'Aphroëssa. Il ne resta pas longtemps isolé, car le canal de séparation, profond de 10 mètres, fut entièrement comblé le 13.

Les observations de M. Fouqué lui ont permis de donner une idée très-claire du mode d'accroissement des monticules volcaniques de nouvelle formation. « Cet accroissement, dit-il, se fait certainement en partie par l'effet d'un soulèvement lent du sol ; il y a même des moments où l'action soulevante paraît prédominer, mais ce n'est pas le cas le plus ordinaire. Ce qui contribue surtout à l'agrandissement de Georges, d'Aphroëssa et de Réka, ce sont les coulées de lave qui en sortent. Ces coulées se déversent de chaque côté de la fissure dont Georges et Aphroëssa sont les deux points principaux. Elles marchent avec une extrême lenteur, refroidies qu'elles sont dans leurs parties extérieures par le contact de la mer, mais elles avancent néanmoins au-dessous de l'eau, qu'elles échauffent à une température voisine de celle de l'ébullition. Elles offrent à leur surface une pente régulière de chaque côté de l'ouverture qui leur donne naissance, de manière à représenter assez bien les deux pentes opposées d'un toit peu incliné dont la ligne de faîte correspondrait à cette ouverture. A me-sure que ces coulées avancent, leur épaisseur en un point donné de leur parcours augmente sans cesse, d'où il résulte qu'elles émergent peu à peu, et comme leur surface est recouverte de blocs irréguliers, ceux-ci apparaissent au-dessus de l'eau les uns après les autres, et forment comme des récifs autour des points précédemment émergés. Quand, au contraire, le soulèvement du sol est le fait dominant, les blocs qui sortent de l'eau sont situés à une certaine distance des centres en activité, et de plus ils sont toujours à une température peu élevée au moment de leur apparition, comme si la matière qui les compose était solidifiée depuis longtemps. C'est de cette façon que nous avons vu apparaître Réka, à une distance de plus de 10 mètres d'Aphroëssa, et sans que l'eau de la mer fût très-échauffée dans le voisinage. Aujourd'hui (25 mars) il se forme encore de cette façon, par voie de soulèvement, de nouveaux écueils à l'ouest de Réka, du côté de Palæa-Kamméni ; mais actuellement, Georges, Aphroëssa et Réka augmentent principalement par l'effet de l'autre cause que nous avons signalée. »

L'ILE JULIA

Le 8 juillet 1831, une île nouvelle fut signalée par le capitaine napolitain Jean Carrao, sur un point compris entre Sciacca, sur la côte de Sicile, et les îles de Pantellerie et de Malte. Elle apparaissait au milieu des éclats d'une éruption volcanique. Le prince Pignatelli, qui l'observa le 10 et le 11 juillet, dit que la haute colonne qui s'élevait du centre brillait la nuit d'une lumière continue et très-vive. Il compare ce phénomène au bouquet d'un feu d'artifice.

Le brick de l'État, *la Flèche*, que commandait le capitaine Lapierre, fut envoyé sur les lieux par le ministre de la marine. Il avait à bord un éminent naturaliste, M. Constant Prévost, qui a laissé sur cette île, désignée sous le nom de Julia, une intéressante relation, dont nous citerons les plus importants passages.

« Le 25 septembre, on atteignit l'île de Maretimo, à l'extrémité ouest de la Sicile, et le soir, à cinq heures, le matelot placé en vigie annonça une terre de laquelle on voyait s'élever de la fumée.

« Étant montés dans la hune, nous aperçûmes, en effet, très-distinctement l'île, qui avait assez bien la forme de deux pitons réunis par une terre plus basse.

« Nous étions à 18 milles, et nous voyions par moment des bouffées d'une vapeur blanche qui s'élevait à une hauteur double de celle de l'île. A plusieurs re-

Fig. 60. — Cratère de l'île Julia. Sicile (1831).

prises, et lorsque nous étions sous le vent, nous sentîmes une odeur sulfureuse.

« Le 26, le vent étant contraire et la mer très-grosse, nous fûmes obligés de nous éloigner; dans la nuit du 26 au 27, nous fûmes assaillis par une tempête affreuse; les vagues passaient par-dessus le pont, et il n'était aucun point de l'horizon qui ne fût éclairé par des lueurs électriques et sillonné par des éclairs ; le tonnerre roulait continuellement, mais sans éclats vifs. Je passai cependant la nuit dans les bastingages, les yeux fixés sur le point où devait se trouver le volcan, pour voir si quelque lueur s'en échappait ; mais je n'aperçus aucun indice d'éruption lumineuse : seulement l'odeur sulfureuse, qui arrivait par intervalles jusqu'au bâtiment, était suffocante.

« Le 27, au matin, nous parvînmes à nous rapprocher, malgré une mer houleuse. L'île, dont nous fîmes le tour, paraissait comme une masse noire, solide, ayant tantôt la forme d'un dôme surbaissé dont la base était triple de sa hauteur, tantôt celle de deux collines inégales séparées par un large vallon ; ses bords s'élevaient à pic, excepté du côté d'où la vapeur s'échappait avec abondance soit d'une cavité très-rapprochée de la mer, soit de la mer elle-même à une distance d'environ 40 pieds. La couleur jaune verdâtre de l'eau, modifiée par l'action volcanique souterraine, contrastait avec le bleu indigo de la pleine mer et annonçait au voisinage de l'île soit des courants rapides, soit des écueils.

« Le 28, la mer étant un peu tombée, le capitaine voulut bien faire mettre un canot à notre disposition. Il en confia le commandement à M. Fourichon, son second et lieutenant de frégate (aujourd'hui vice-amiral), et à M. de Proulereoy, élève de première classe. Je m'embarquai avec M. Joinville, dessinateur ; et, conduits à la rame par huit matelots expérimentés et courageux, en moins d'une heure, nous arrivâmes sur les brisants. Nous reconnûmes que ceux-ci étaient produits par la lame qui venait frapper avec force contre une plage courte et terminée brusquement par une pente rapide, et non par des roches solides. L'eau vert jaunâtre dans laquelle nous étions, et qui était couverte d'une écume rousse, avait une saveur sensiblement acide, ou du moins moins amère que celle du large; sa température était aussi plus élevée, mais de quelques degrés seulement (de 21 à 23°). Nous sondâmes à 30 brasses du rivage, et nous trouvâmes le fond à 40 ou 50.

« Nous nous étions dirigés vers le seul point où de la surface de l'île on pût descendre par une pente douce vers la mer. Les vagues roulaient sur elles-mêmes, en s'élevant de 12 à 15 pieds, lorsqu'elles frappaient le rivage. A 30 pieds sur notre gauche, ces vagues s'élançaient en vapeur dans l'atmosphère ; à une pareille distance à droite, la mer semblait briser sur un banc qui se serait étendu à plus d'un mille au large. Les marins pensèrent, d'un commun accord, qu'il y aurait imprudence à tenter le débarquement dans ce moment, et qu'inévitablement l'embarcation chavirerait.

« Nous n'étions qu'à 40 brasses de l'île; je pus, à cette distance, me convaincre qu'au moins pour la partie que nous avions sous les yeux, elle était formée de matières meubles et pulvérulentes (cendres, scories), qui étaient retombées, après avoir été projetées en l'air pendant les éruptions.

« Je n'aperçus aucun indice de roches solides soulevées, mais je reconnus bien distinctement l'existence d'un cratère en entonnoir, presque central, duquel s'élevaient plusieurs colonnes de vapeur, et dont les parois étaient enduites d'efflorescences salines blanches.

« Nous allions nous éloigner avec le regret de ne pouvoir emporter au moins quelques échantillons de ce sol si nouveau et si effrayant, lorsqu'un matelot proposa d'aller à la côte à la nage ; on l'attacha avec une ligne de sonde, et, en quelques minutes, après avoir d'abord disparu sous la lame, et dans la vapeur épaisse qui s'en échappait, il arriva sain et sauf sur la plage ; il nous fit signe que celle-ci était tellement brûlante, qu'il ne pouvait y tenir les pieds. M. Fourichon ne put résister au désir d'aller chercher lui-même des échantillons ; il se jeta à la nage, et fut suivi par M. de Proulereoy, et par un second matelot, qui emporta avec lui un panier, un marteau et une bouteille. Je regrettai vivement de ne pas être assez bon nageur pour pouvoir suivre un pareil exemple : je restai dans le bateau, et malgré ses mouvements brusques, nous fîmes, M. Joinville et moi plusieurs croquis.

« Nos intrépides compagnons s'élevèrent jusqu'au bord du cratère, marchant sur des cendres et des scories brûlantes, et au milieu des vapeurs qui s'exhalaient du sol ; ils nous annoncèrent que ce cratère était rempli d'une eau roussâtre et bouillante, formant un lac d'environ 80 pieds de diamètre ; enfin ils revinrent à nous, après nous avoir fait passer, au moyen de la corde, le panier d'échantillons. »

Dans une autre expédition, entreprise le 20 septembre, on put aborder l'île avec le canot et le tirer à terre. Les officiers de l'état-major de *la Flèche* y descendirent presque tous avec M. Constant Prévost, et on acheva l'exploration en se distribuant les rôles. Les uns mesurèrent la circonférence, qu'ils trouvèrent de 700 mètres

sur 70 mètres de hauteur ; les autres firent des observations thermométriques, sondèrent le cratère ou firent
des dessins. Le pavillon tricolore avec une inscription
fut hissé sur le point le plus élevé de Julia.

« Toute l'île, dit le savant géologue, me parut être,
comme tous les cratères d'éruption, un amas conique
autour d'une cavité également conique, mais renversée.
En effet, examinant les parois intérieures du cratère,
on voit que celles-ci ont une pente d'environ 45° ; et
dans les coupes latérales produites par les éboulements,
on distingue que la stratification est parallèle à cette
ligne de pente, tandis que, du côté extérieur, les mêmes
matériaux sont disposés dans un sens opposé.

« Quant à la coupure à pic des falaises, il est facile
de voir qu'elle est l'effet postérieur des éboulements
causés soit par des secousses imprimées au sol, soit plus
probablement par l'action des flots, qui, entraînant les
matières meubles, accessibles à cette action, ont successivement miné les bords. Ceux-ci, se trouvant en sur-
plomb, sont tombés ; tous les jours ils se dégradent, et
c'est déjà aux dépens des éboulements qu'il s'est formé
autour de l'île une plage, sorte de bourrelet de 15 à 20
pieds de largeur, qui se termine brusquement en pente
dans la mer. Par la manière de voir que je viens d'ex-
poser, il est facile de reconnaître que ces éboulements
continuant tous les jours, l'île s'abaissera graduellement,
jusqu'à ce qu'une grosse mer, venant à enlever tout ce
qui restera au-dessus de son niveau, il n'y aura plus à
sa place qu'un banc de sable volcanique, d'autant plus
dangereux qu'il sera difficile d'en avoir connaissance à
quelque distance. »

Les prévisions de M. Constant Prévost ne tardèrent pas à se confirmer. Déjà, à la fin de décembre 1831, il ne restait plus à la place de l'île Julia qu'un banc couvert de 3 mètres d'eau. Les matières volcaniques ont été balayées par les vagues, et ce qui reste est le fond rocheux de la mer soulevé par les forces souterraines.

Nous avons parlé du soulèvement d'une très-grande île, près de la pointe septentrionale d'Unalaska, dans l'archipel Aléoutien. D'autres phénomènes du même genre, accompagnés de circonstances presque identiques à celles qui viennent d'être décrites, se sont manifestés dans diverses régions du globe. On a vu des îles s'élever à plusieurs reprises autour de l'Islande ; il en surgit de nouvelles, par périodes de quatre-vingts à quatre-vingt-dix ans, près de San-Miguel, l'une des Açores. La dernière, Sabrina, date du 30 janvier 1811 ; son apparition fut le prélude de terribles tremblements de terre en Amérique.

MONTE NUOVO

Plusieurs savants prétendent que cette *montagne nouvelle* (Monte-Nuovo), qui se dressa au mois de septembre 1538 sur les bords de la mer de Baïa, et dont l'apparition fut accompagnée de terribles phénomènes volcaniques, renferme un noyau solide. Suivant eux, cette partie du sol aurait été soulevée en masse et se serait ensuite ouverte pour lancer en l'air les cendres et les pierres qui ont achevé la formation du cône. Pour d'autres, le Monto-Nuovo tout entier est le résultat des déjections du cratère.

D'après la description d'un témoin oculaire, Francisco del Nero, la terre se gonfla jusqu'à former une colline, et cette circonstance rappelle le soulèvement formidable du Jorullo, dont le plateau mexicain a été le théâtre. Mais on a pu objecter que, dans ce cas, les murailles et

Fig. 61. — Monte Nuovo. Baie de Baïa (1538).

les colonnes du temple d'Apollon, qui se trouvent près de la base de la montagne, n'auraient pu rester, ainsi qu'on l'a constaté, parfaitement verticales. Il est d'ailleurs certain que l'explosion volcanique fut accompagnée d'une élévation du niveau général de la baie de Baïa. Sur les falaises voisines de Pouzzoles, une ligne creuse remplie de coquillages marins, à 11 mètres au-dessus du niveau actuel, le montre avec évidence.

La preuve de ce soulèvement se trouve aussi dans le retrait de la mer à une assez grande distance du rivage, fait affirmé par plusieurs témoins, entre autres par le savant Porzio, dont nous citons l'intéressant récit. « Cette région fut agitée pendant près de deux ans par de violents tremblements de terre, au point qu'il n'y resta aucune maison intacte, aucun édifice qui ne fût menacé d'une ruine prochaine et inévitable. Mais le cinquième et le quatrième jour avant les calendes d'octobre, la terre trembla sans relâche, nuit et jour. La mer se retira d'environ deux cents pas ; sur la plage à sec les habitants prirent une multitude de poissons et remarquèrent des eaux douces jaillissantes. Enfin, le troisième jour, une grande portion de terrain, comprise entre le pied du Monte Barbaro et la mer, parut se soulever et prendre la forme d'une montagne naissante. Le même jour, à la seconde heure de la nuit, ce terrain soulevé se transforma en cratère, vomit avec de grandes convulsions des torrents de feu, des scories, des pierres et des cendres. »

MOUVEMENTS DES COTES DU CHILI ET DU DELTA DE L'INDUS

Les effroyables tremblements de terre qui eurent lieu au Chili, en 1822, 1835 et 1837, détruisirent plusieurs villes, entre autres Valparaiso, Melpilla,

Quillota et Casablanca. En même temps plusieurs parties de la côte, comprenant une étendue de plus de 200 lieues, s'élevèrent au-dessus de la surface de l'Océan.

Sur un rivage où la marée ne monte jamais que de 1 à 2 mètres, tout mouvement du sol peut être facilement vérifié. Près de Valparaiso, à l'embouchure du Concon, au nord de Quintero, des rochers, couverts jadis constamment par les eaux, se sont élevés de 2 mètres au-dessus de leur niveau. Lorsqu'on les visita, on y vit adhérer des huîtres, des moules et autres coquillages dont les animaux étaient en putréfaction. On constata que les rives tout entières du lac de Quintero, qui communique avec la mer, avaient monté de plus d'un mètre. Plusieurs mouillages bien connus diminuèrent de profondeur. Un navire qui avait fait naufrage sur la côte et dont on allait visiter les restes en bateau, se trouva entièrement à sec après le tremblement de terre de 1822.

« Des circonstances analogues ont été observées en 1819 dans le delta de l'Indus ; pendant que le sol de la contrée était agité par de violentes secousses. Autour du fort de Sindrée, on vit s'affaiser une étendue de pays plus vaste que le lac de Genève. Le village et le fort restèrent cependant debout, et le lendemain la garnison traversa la mer dans les embarcations. Pendant que cette dépression avait lieu, il se forma, dans une plaine située au nord, une colline de 50 milles de longueur sur une largeur de 16 milles. Les habitants l'ont nommée *Ullah Bund*, ou Levée de Dieu. En plusieurs points l'embouchure orientale du fleuve devint plus profonde.

Le fleuve, d'abord détourné, sortit de son lit en 1826
et se fraya un passage plus direct en coupant l'Ullah
Bund.

LENT SOULÈVEMENT DE LA SUÈ E

« On ne saurait nier qu'aujourd'hui le sol de la
France, sauf quelques secousses passagères de tremblement de terre, ne soit dans une immobilité parfaite ;
mais les derniers mouvements qui ont achevé d'élever
ce pays au-dessus de l'Océan et de lui donner son étendue actuelle, remontent à une époque qui, bien qu'an-
térieure sans doute aux âges historiques, n'est cependant
dant pas tellement reculée, qu'elle aille se perdre dans
la nuit des temps. Les campagnes de la Touraine et
d'une partie de nos provinces du Midi sont couvertes
d'une grève semblable à celle de l'Océan, et montrent à
leur surface des coquilles toutes pareilles à celles qui vivent encore sur nos rivages. Dans les vastes plaines de
la Picardie, autrefois occupées par de grands lacs et de
grands marécages, on retrouve les ossements des cas-
tors qui y construisirent alors leurs demeures ; et dans
le fond des tourbières on découvre quelquefois des pi-
rogues creusées dans un seul bloc, comme celles des
sauvages de l'Amérique et qui attestent quelle était alors
la nature des habitants de ces parages desséchés aujour-
d'hui et fertilisés par une culture si belle.

« Mais, si nous sommes immobiles, et si nos frontières
ne font plus sur l'empire de la mer de ces conquêtes et
de ces invasions pacifiques, nous avons près de nous des

pays qui ne nous imitent pas, et nous donnent l'exemple de ce qui a dû se faire chez nous. Le sol de la Suède et de la Norwége s'élève continuellement par un mouvement insensible au-dessus des eaux de la mer Baltique. C'est un fait avéré ; et pour s'en faire la meilleure idée, il faut imaginer que l'on prenne le fond de la mer Baltique par sa partie la plus septentrionale, au sommet du golfe de Botnie, avec un bras assez puissant, et qu'on le relève de manière à faire couler les eaux dans le bas, vers le Danemark, d'où elles se verseraient dans la mer du Nord, en passant par les détroits du Sund et les deux Belt. Comme on le pense bien, cette manœuvre naturelle est excessivement lente, et il faudra bien du temps encore avant que la mer Baltique soit entièrement vide ; mais enfin cela se produit à chaque heure, à chaque minute, et dans cent ans la mer Baltique ne sera pas ce qu'elle est aujourd'hui, de même qu'aujourd'hui elle n'est plus ce qu'elle était du temps des Romains, qui en faisaient, avec raison sans doute, une grande mer.

« Voici ce qui établit la vérité de ce phénomène si singulier qu'on pourrait se refuser à le croire, s'il n'était appuyé sur des preuves que chacun peut toucher et voir. D'abord, à une grande distance des côtes, et à une hauteur déjà considérable, on trouve des coquillages dont le test est encore très-frais et très-bien conservé, et qui sont les mêmes que ceux qu'on irait prendre sur le bord du rivage. Ceci est pour l'antiquité la plus haute. Voici maintenant pour les temps historiques. Il existe des chants des anciens bardes, qui célèbrent les exploits des guerriers lorsqu'ils allaient à la pêche, et qui contiennent le nom des rochers sur lesquels ils avaient l'habitude d'aller pêcher les phoques endormis ; ces rochers où se tiennent les phoques sont des tables peu élevées au-dessus de l'eau, sur lesquelles ces animaux montent aisément et s'étendent au soleil. Or ceux dont parlent les bardes, et dont les noms sont encore conservés dans le pays, sont maintenant à une telle hauteur au-dessus de l'eau, que les escarpements qui les entourent ôtent complétement à un phoque la possibilité d'y monter ; ces rochers se sont donc élevés depuis les temps où les anciens Scandinaves naviguaient autour d'eux pour y lancer leurs flèches sur les animaux marins qui y faisaient leur séjour. Quant à notre temps, la chose est encore plus claire et plus évidente, s'il se peut. On a fait des marques à fleur d'eau, au pied des divers rochers, afin de s'en servir comme points de repère, et en visitant ces marques d'année en année, on trouve qu'elles s'élèvent successivement au-dessus du niveau de la mer. Ce n'est pas le niveau de la mer qui s'abaisse, car il s'abaisserait nécessairement partout de la même manière, sur les côtes d'Allemagne et de Danemark, aussi bien que sur celles de la Suède, ce qui n'a pas lieu ; donc c'est bien le fond de la mer qui s'élève lui-même. Dans le fond du golfe de Botnie, l'exhaussement total du terrain par siècle est d'environ 4 pieds 1/3 ; dans le bas de la mer Baltique, au-dessous de Stockholm, il n'est plus guère que d'un pied ; et, enfin, dans les provinces les plus méridionales, vis-à-vis le Danemark, le mouvement n'est plus appréciable et n'existe probablement plus.

« On doit voir, par cet exemple, que, pour se faire

une idée des choses qui se sont passées dans les temps reculés où l'homme n'était point encore sur la terre, il n'est pas nécessaire d'avoir toujours recours à des théories bizarres et à des hypothèses fantastiques. Il suffit souvent de considérer ce que la nature produit encore aujourd'hui, avec des apparences différentes peut-être, mais au fond par des causes semblables. La nature ne change pas ses procédés; elle se contente, pour des œuvres nouvelles, de les modifier. Pour expliquer d'une manière simple et vraie bien des phénomènes, il suffit de comprendre que la forme de la terre, déjà si éloignée d'un sphéroïde parfait, change encore en quelques points, et prend d'autres courbures; de là les volcans, les chaînes de montagnes, et de là aussi les soulèvements et les agrandissements anciens et actuels des continents et des îles [1]. »

LIGNES DE DISLOCATION — PRÉVISION DES PHÉNOMÈNES

Le soulèvement continu se produit encore dans d'autres contrées que la Suède, dans le Groënland, par exemple. Dans l'Océanie, de vastes étendues du sol sous-marin qui porte les archipels s'élèvent ou s'abaissent insensiblement. Ces phénomènes concourent avec les éruptions subites et violentes à modifier la forme de la surface terrestre. Nous n'y trouvons cependant plus

[1] Jean Reynaud, *Magasin pittoresque*, t. I.

qu'une image affaiblie du puissant travail par lequel notre demeure a été préparée.

La géologie nous montre que les systèmes de montagnes ont été soulevés à des époques diverses, correspondantes aux phases du refroidissement de la partie interne de notre globe restée encore à l'état d'incandescence originaire. L'hypothèse généralement admise nous représente au-dessus de la sphère fluide une première pellicule, qui s'est épaissie par la cristallisation des roches sur sa face inférieure et a reçu sur sa face supérieure, par la condensation successive des agents atmosphériques, les eaux des océans, les éléments de ses terrains de dépôt et les organismes vivants.

« L'opinion qui donne aux montagnes une origine volcanique, dit A. Bertrand[1], n'a pu manquer d'être considérée comme très-hasardée à l'époque où elle a été émise pour la première fois, et ceux qui la mettaient en avant n'auraient pu produire des faits nécessaires pour la bien appuyer. L'expression d'ailleurs était inexacte ; elle aurait été plus juste si l'on eût dit que le relief des montagnes est en grande partie dû à des phénomènes volcaniques, en prenant le mot volcanique dans le sens large que lui donne M. de Humboldt. Ce savant, en effet, définit la volcanicité : « *l'influence qu'exerce l'intérieur d'une planète sur son enveloppe extérieure dans les différents stades de son refroidissement,* » et la plupart des géologues adoptent aujourd'hui cette définition, qui permet de ne point séparer les uns des autres des résultats dus à une cause identique,

---

[1] *Lettres sur les révolutions du globe,* 6ᵉ édition.

mais agissant avec des degrés différents d'intensité.

« Les premiers volcans de la terre se sont presque tous ouverts dans le terrain primitif, avant que les terrains secondaires fussent formés; ils ont, depuis, été recouverts par ces terrains, dont la formation successive est si évidemment due à la mer ou à d'immenses lacs d'eau douce. Cette grande quantité de volcans ouverts dans le sol primitif, quand l'écorce solide de la terre était moins épaisse, est favorable à l'opinion dont il vient d'être question. Plus tard, par la double raison de la diminution d'activité du foyer intérieur et de l'augmentation d'épaisseur de la couche qui le recouvre, l'éruption des volcans a dû être beaucoup moins fréquente, et c'est ce qui est arrivé en effet. »

L'écorce terrestre, solidifiée maintenant jusqu'à une profondeur d'environ 50 kilomètres, forme un écran suffisant pour que le rayonnement de la chaleur centrale soit presque insensible sur la superficie, mais cet écran est relativement très-mince, plus mince, suppose-t-on, que la coquille de l'œuf, si on la compare à son contenu. C'est une enveloppe flexible, comme le prouvent non-seulement les mouvements lents qu'on y observe, mais encore les plis nombreux de la plupart des couches minérales. Appliquée immédiatement sur le noyau liquide, et se déformant à mesure que le globe se refroidit, elle subit la réaction de ce noyau, qui tend à reprendre la forme sphérique, en vertu des lois de l'attraction. Lorsque les forces mises ainsi en jeu augmentent au delà de certaines limites, l'écorce cède, et il se fait à la surface du globe une révolution qui, sans en changer l'étendue, doit la faire correspondre à un volume moindre

que celui qu'elle enveloppait primitivement. Les frac-
tures produites alors sur les lignes de plus faible résistance (arcs de grands cercles pour la sphère) entraînent
la formation des chaînes de montagnes, et occasionnent
de nombreux changements dans la distribution des continents et des mers, par conséquent dans toutes les conditions de la vie. Une période de repos prépare ensuite de nouvelles révolutions et de nouveaux soulèvements.

Un grand nombre de fentes, produites dans l'écorce
terrestre par cette série de mouvements, ont été remplies, à diverses époques, par les substances les plus
variées émanées des profondeurs. C'est en étudiant l'arrangement, au sein de la terre, des dépôts métalliques,
que les mineurs ont été conduits à la connaissance de
la loi simple sur laquelle sont fondées les plus impor-
tantes découvertes de la géologie. Dans chaque district
qu'ils exploitaient, les filons de même composition et
de même âge se montraient toujours parallèles. Cette
similitude de direction, étendue à tout un genre d'accidents de l'écorce terrestre, ne devait-elle pas aussi
s'appliquer aux chaînes de montagnes? Telle est la question que notre illustre géologue, M. Élie de Beaumont,
parvint à résoudre affirmativement après de longues recherches.

Des rapports simples, observés dans les angles que
les lignes ainsi caractérisées forment entre elles, con-
duisirent le même savant à chercher si l'ensemble des
systèmes de montagnes ne pourrait pas être compris
dans un réseau régulier étendu sur le globe. Nous avons
indiqué le rôle de l'hexagone dans la cristallisation des

prismes basaltiques. Relativement à la sphère, c'est le pentagone qui jouit de propriétés analogues.

Non-seulement les systèmes de montagnes sont représentés par les lignes du réseau pentagonal, mais ces lignes fournissent encore les plus utiles indications sur la constitution de l'écorce terrestre. Elles révèlent les gisements minéraux dans les régions inconnues, les sources de naphte et de pétrole qui ont maintenant acquis tant d'importance, et tracent la direction des sondages à pratiquer pour les faire découvrir dans les profondeurs du sol. Qu'on suive, par exemple, l'arc de grand cercle qui, partant du lac salé de Séistan, passe par les environs de Bakou et par l'Islande, lieux remarquables par leurs émanations bitumineuses, on le verra aboutir aux abondantes sources de pétrole de Mecca et d'Oil-Creek, dans l'Amérique septentrionale.

Par le développement des féconds travaux que nous ne pouvons qu'indiquer, on apprendra aussi à connaître de mieux en mieux la stabilité relative des régions terrestres, et peut-être la prévision des phénomènes volcaniques entrera-t-elle dans la science.

Nous lisons dans le *Bulletin de l'Association scientifique*[1] : « La régularité des phénomènes chimiques qui se produisent dans les volcans, signalée pour la première fois par M. Sainte-Claire Deville, permet d'expliquer une foule de faits qui, sans cela, seraient de véritables énigmes. Elle peut aussi donner de précieuses indications sur la périodicité et même sur l'intensité probable des éruptions à venir. »

---

[1] N° 7, juillet-août 1865.

L'influence de ces belles découvertes n'est pas seulement visible dans le progrès de notre sécurité et du bien-être qui en découle ; elle apparaît aussi avec évidence dans le développement des idées qui se rattachent à la notion de l'ordre universel, à l'action divine que cet ordre admirable nous affirme et nous dévoile. « La connaissance des lois, dit Humboldt, augmente le sentiment du calme de la nature. On dirait que la discorde des éléments, ce long épouvantail de l'esprit humain, s'apaise à mesure que les sciences étendent leur empire. » Nous comprenons que, durant les siècles d'ignorance, où les désastres produits par les puissantes forces souterraines frappaient seuls l'imagination, on ait pu attribuer les tremblements de terre à la colère céleste et regarder les cratères comme les soupiraux de l'enfer. Nous revenons aujourd'hui à la conception primitive de la Grèce, qui, dans le redoutable mystère des volcans, avait cru voir le Travail. Ce religieux pressentiment est devenu la science même. Par elle nous admirons l'œuvre incessante de la nature, et nous regrettons de n'avoir pu nous arrêter, autant que nous l'aurions désiré, sur tout ce qui dévoile cette féconde et magnifique activité. Mais ce petit livre, dans lequel, pour engager à l'étude, nous devions surtout reproduire les plus curieuses observations, les descriptions les plus intéressantes des naturalistes et des voyageurs, ne pouvait qu'effleurer un si vaste sujet. En nous attachant cependant à mettre en relief la beauté des lois entrevues, la grandeur et la généralité des phénomènes, leur influence créatrice, le rôle prodigieux des volcans dans la formation de l'écorce terrestre, l'utilisation actuelle de leurs produits, nous espérons avoir de nouveau contribué à répandre une vérité chaque jour plus éclatante, à prouver encore, appuyé sur les glorieuses découvertes du génie moderne, que la nature est « ce qui croît et se développe perpétuellement, ce qui n'a de vie que par un changement continu de forme et de mouvement intérieur[1]. »

[1] Carus.

TABLE DES FIGURES

———

TABLE DES MATIÈRES

I

LE VÉSUVE

II

L'ETNA. — LES ILES ÉOLIENNES.

III

L'ISLANDE

IV

V

VI

VII

VIII

TREMBLEMENTS DE TERRE

IX

VOLCANS DE BOUE. — SOURCES ET PUITS DE FEU. — SOURCES THERMALES

X

SOULÈVEMENTS

PARIS. — IMP. SIMON RAÇON ET COMP., RUE D'ERFURTH, 1.